Studien zum nachhaltigen Bauen und Wirtschaften

Reihe herausgegeben von

Thomas Glatte, Neulußheim, Deutschland

Martin Kreeb, Egenhausen, Deutschland

Unser gesellschaftliches Umfeld fordert eine immer stärkere Auseinandersetzung der Bau- und Immobilienbranche hinsichtlich der Nachhaltigkeit ihrer Wertschöpfung. Das Thema „Gebäudebezogene Kosten im Lebenszyklus" ist zudem entscheidend, um den Umgang mit wirtschaftlichen Ressourcen über den gesamten Lebenszyklus eines Gebäudes zu erkennen. Diese Schriftenreihe möchte wesentliche Erkenntnisse der angewandten Wissenschaften zu diesem komplexen Umfeld zusammenführen.

Constantin von Rheinbaben •
Thomas Glatte

Umnutzung von Sakralbauten

Problemfelder und Lösungsansätze

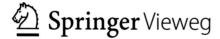

Constantin von Rheinbaben
München, Deutschland

Thomas Glatte
Neulußheim, Deutschland

ISSN 2731-3123   ISSN 2731-3131 (electronic)
Studien zum nachhaltigen Bauen und Wirtschaften
ISBN 978-3-658-47022-7   ISBN 978-3-658-47023-4 (eBook)
https://doi.org/10.1007/978-3-658-47023-4

Die Deutsche Nationalbibliothek verzeichnet diese Publikation in der Deutschen Nationalbibliografie; detaillierte bibliografische Daten sind im Internet über https://portal.dnb.de abrufbar.

Planung/Lektorat: Karina Danulat
Springer Vieweg ist ein Imprint der eingetragenen Gesellschaft Springer Fachmedien Wiesbaden GmbH und ist ein Teil von Springer Nature.
Die Anschrift der Gesellschaft ist: Abraham-Lincoln-Str. 46, 65189 Wiesbaden, Germany

Vorwort

Die Landschaft christlicher Sakralbauten in Deutschland ist geprägt von architektonischer Vielfalt und kultureller Tiefe. Diese Gebäude, zumeist Jahrhunderte alt, sind nicht nur Orte des Glaubens, sondern auch bedeutende Zeugnisse unserer Geschichte und Identität. Doch in einer zunehmend säkularisierten Gesellschaft stehen viele Kirchen und Kapellen vor einer ungewissen Zukunft. Sinkende Gemeindemitgliederzahlen, finanzielle Engpässe und veränderte Nutzungserwartungen führen dazu, dass viele dieser Bauwerke nicht mehr ihrem ursprünglichen Zweck dienen können. Vor diesem Hintergrund rückt die Frage nach der Umnutzung denkmalgeschützter christlicher Sakralbauten in den Fokus gesellschaftlicher, wirtschaftlicher und wissenschaftlicher Diskussionen.

Dieses Buch geht der zentralen Forschungsfrage nach: *Welche Chancen und Herausforderungen ergeben sich bei der Umnutzung denkmalgeschützter, christlicher Sakralbauten in Deutschland zu nichtreligiösen Zwecken?* Ziel ist es, die vielschichtigen Aspekte dieser Thematik zu beleuchten und sowohl theoretische als auch praktische Perspektiven aufzuzeigen. Welche profanen Nutzungsmöglichkeiten bieten sich an? Wie lassen sich der Denkmalwert und die kulturelle Bedeutung der Gebäude mit neuen Nutzungskonzepten vereinbaren? Und welche Konflikte entstehen zwischen den verschiedenen Interessen von Gemeinden, Denkmalschutzbehörden und potenziellen Investoren?

Dabei berücksichtigt das Buch nicht nur rechtliche und architektonische Fragestellungen, sondern widmet sich auch den sozialen und emotionalen Dimensionen, die mit der Umgestaltung dieser sakralen Räume einhergehen. Es wird aufgezeigt, dass in der Transformation von Sakralbauten nicht nur eine Herausforderung, sondern auch eine Chance liegt: die Möglichkeit, diese besonderen Bauwerke in die Zukunft zu überführen, indem sie mit neuen Funktionen und Bedeutungen gefüllt werden.

Das vorliegende Buch, verfasst an der Hochschule Fresenius für internationales Management in Heidelberg, soll einen Beitrag leisten, ein breiteres Verständnis für die Umnutzung christlicher Sakralbauten zu entwickeln und die aufgezeigten Hürden besser zu verstehen und pragmatisch zu umschiffen. Dem Buch liegt eine empirische Untersuchung zugrunde, an welcher etliche mit der Materie eng vertraute Experten mitgewirkt haben. Diesen sei an dieser Stelle ganz herzlich für ihren Input und ihr Engagement gedankt.

In diesem Buch wird aus Gründen der besseren Lesbarkeit das generische Maskulinum verwendet. Weibliche und anderweitige Geschlechteridentitäten werden dabei ausdrücklich miteinbezogen, soweit es für die Aussage erforderlich ist.

München/Heidelberg   Constantin von Rheinbaben
Nov 2024   Thomas Glatte

Inhaltsverzeichnis

Abkürzungsverzeichnis

CIC   Codex Iuris Canonici
DBK   Deutsche Bischofskonferenz
FZG   Forschungszentrum Generationsverträge
GFZ   Geschossflächenzahl
WertV   Wertermittlungsverordnung

Abbildungsverzeichnis

Einleitung

1

In den folgenden drei Abschnitten wird auf die Problemstellung und Zielsetzung der geplanten Forschung näher eingegangen. Außerdem wird der Aufbau des Buches dargestellt, um dem Leser einen Überblick über den Inhalt zu verschaffen.

1.1 Problemstellung

Sakralbauten sind im Alltag allgegenwärtig, und vor allem die hohen Türme von Kirchengebäuden prägen oft das Stadtbild (Gigl, 2020, S. 40). Christliche Sakralbauten, insbesondere die Kirchen, die in dieser Arbeit behandelt werden, dienen primär dazu, einen Ort für den Gottesdienst Gläubiger zu schaffen (Gigl, 2020, S. 80). Allerdings scheint diese Funktion immer weniger nachgefragt zu sein, da die Auslastung dieser Gebäude in den letzten Jahren kontinuierlich gesunken ist (Schäfer, 2018, S. 12). Dafür gibt es mehrere Gründe, wie beispielsweise die fortschreitende Säkularisierung der Gesellschaft oder die Missbrauchsskandale, die in den letzten Jahren öffentlich wurden (Altrock et al., 2023, S. 33). Doch nicht nur die abnehmende Auslastung stellt ein Problem dar, sondern auch die finanzielle Belastung für die evangelische und katholische Kirche, diese Gebäude zu erhalten (Beste, 2014, S. 8 f.). Diese Herausforderungen werfen die Frage auf, wie man mit christlichen Sakralbauten umgehen sollte, die nicht mehr für religiöse Zwecke genutzt werden. Eine radikale Lösung wäre der Abriss, doch es gibt auch die Möglichkeit, die Gebäude einer neuen Nutzung zuzuführen. Hierbei stellt sich die Frage, ob diese Nutzung eher kultureller, sozialer oder kommerzieller Natur sein sollte. Eine kommerzielle Nutzung wurde vor langer Zeit bereits von Jesus

C. von Rheinbaben, T. Glatte, *Umnutzung von Sakralbauten*, Studien zum nachhaltigen Bauen und Wirtschaften, https://doi.org/10.1007/978-3-658-47023-4_1

abgelehnt, als er die Händler aus dem Tempel vertrieb, den er als Bethaus ansah (Elberfelder Bibel, 2022, Mt 21:12). Das Thema ist komplex und involviert viele Parteien und Interessengruppen, die jeweils unterschiedliche Perspektiven und Standpunkte vertreten. Es gibt zahlreiche Herausforderungen aber auch Chancen, die innovative Lösungsansätze erfordern. Dieses Buch behandelt die Umnutzung von denkmalgeschützten, christlichen Sakralbauten in Deutschland. Daher stellt sich folgende Forschungsfrage:

Welche Chancen und Herausforderungen ergeben sich bei der Umnutzung denkmalgeschützter, christlicher Sakralbauten in Deutschland zu nicht religiösen Zwecken?

Dieser Forschungsfrage ist in fünf Subforschungsfragen untergliedert:

1. Weshalb sollte man das architektonische und städtebauliche Erbe eines Kirchenbaus erhalten, und wie geht dies trotz einer Umnutzung?
2. Welche Nachnutzungen sind möglich, und welche eignen sich am besten?
3. Welche religiösen Bedenken und Widerstände aus der Gesellschaft können auftreten, und wie geht man damit um?
4. Welche finanziellen und baulichen Herausforderungen können auftreten, und wie bewältigt man diese?
5. Wie schränken der Denkmalschutz und weitere rechtliche Regelungen die Kirchenumnutzung ein, und wie geht man damit um?

1.2   Forschungsziel

Ziel dieser Forschung ist es, einen umfassenden Überblick über die Herausforderungen und Chancen zu erhalten, die sich im Zusammenhang mit der Umnutzung von Kirchengebäuden ergeben können. Darüber hinaus soll ermittelt werden, welche Nachnutzungen für Kirchengebäude unter Berücksichtigung verschiedener Parameter am besten geeignet sind. Außerdem sollen Lösungsansätze für diese Herausforderungen recherchiert, analysiert und bewertet werden.

1.3   Aufbau der Arbeit

Das erste Kapitel führt in das Thema der Forschung ein und legt die Forschungsfragen und Forschungsziele dar. Im zweiten Kapitel wird das Grundlagenwissen dargestellt, das für ein fundiertes Verständnis der behandelten Themen erforderlich ist. Im dritten Kapitel wird dann der aktuelle Stand der Forschung dargestellt, um aufzuzeigen, inwieweit das Thema bereits erforscht wurde und welche Forschungslücken noch bestehen. Im vierten Kapitel wird die Forschungsmethodik erläutert, mit der die Forschungsfragen beantwortet werden sollen. Die Forschungsergebnisse werden im fünften Kapitel dargestellt und dann im Zusammenhang mit der Beantwortung der Subforschungsfragen diskutiert. Abschließend wird im sechsten Kapitel ein Fazit der Forschung gezogen und ein Ausblick für das Forschungsthema gegeben.

Grundlagen

2

Die folgenden Abschnitte des zweiten Kapitels gehen auf die Grundlagen der Thematik dieser Forschung ein. Zuerst werden der Werdegang und der jetzige Stand christlicher Kirchen aufgegriffen und erklärt. Dies geschieht durch die Darstellung des religiösen, geschichtlichen und wirtschaftlichen Hintergrundes und dem Trend der Säkularisierung und dessen Folgen. Außerdem wird die Nutzungsänderung von Kirchengebäuden definiert. Zunächst wird dafür der Akt der Profanierung oder auch Entwidmung erklärt und anschließend der Begriff der Umnutzung aufgegriffen.

2.1 Christliche Kirchen

Im Folgenden wird der Hintergrund und der jetzige Stand von christlichen Kirchen in Deutschland erklärt. Zum einen gehört dazu der religiöse, geschichtliche und wirtschaftliche Hintergrund und zum anderen die Säkularisierung mit ihren Folgen.

2.1.1 Religiöser und geschichtlicher Hintergrund

Kirchen dienen in Stadtlandschaften als markante Orientierungspunkte und verdeutlichen die zentrale Rolle des Christentums in der Gesellschaft (Meys & Gropp, 2010b, S. 154). Dies spiegelt sich auch in den individuellen Bindungen einzelner Menschen zur Kirche einer Ortschaft wider, da diese oftmals persönliche Ereignisse wie Konfirmation, Heirat oder Trauerfeier mit diesem Ort verbinden. Dies, kombiniert mit dem historischen, architektonischen und touristischen Stellenwert,

C. von Rheinbaben, T. Glatte, *Umnutzung von Sakralbauten*, Studien zum nachhaltigen Bauen und Wirtschaften, https://doi.org/10.1007/978-3-658-47023-4_2

macht christliche Sakralbauten zu besonderen Gebäuden (Manschwetus & Damm, 2022, S. 2 f.). Kirchen, wie man sie in heutiger Zeit kennt, nämlich allein konzipiert für den Nutzen gottesdienstlicher Zwecke, entwickelten sich erst im Laufe der frühen Jahrhunderte nach Christus. Der älteste Ort von dem bekannt ist, dass dort *Kirche* stattfand, war ein Privathaus im dritten Jahrhundert, welches für den gottesdienstlichen Brauch leicht umgestaltet wurde (Gigl, 2020, S. 73). Erst nachdem Kaiser Konstantin im Jahr 313 die Kultfreiheit gewährte, wurden unter diesem die ersten öffentlich zugänglichen Kirchen erbaut. Bekannt ist jedoch auch, dass es sich bei diesen Kirchenbauten noch nicht um Gebäude handelte, die ausschließlich für den christlichen Gebrauch ausgerichtet sein sollten. Tatsächlich waren dies eher sehr große Basiliken, welche grundsätzlich für große Versammlungen konzipiert waren und auch für andere Zwecke wie Märkte und Gerichtshallen verwendet werden konnten (Gigl, 2020, S. 74). Auch ab dem vierten Jahrhundert gab es noch christliche Sakralbauten, welche heidnischen Tempeln ähnelten. Diese gestalteten die früheren Christen jedoch stets so um, dass sie auf Christus und das *Gott-Mensch-Verhältnis* ausgerichtet waren. Das zeigt vor allem, dass die ersten Kirchen von vorneherein eine Mischung zwischen Versammlungsort und *Haus Gottes* darstellten (Gigl, 2020, S. 76).

Im Laufe der darauffolgenden Jahrhunderte wurde die Architektur der Kirchen durch den Gottesdienst determiniert, die sich aber zusätzlich auch stets an der Architektur der jeweiligen Zeit orientierte (Manschwetus & Damm, 2022, S. 2; Bienert et al., 2022, S. 20). Im Übergang von der Antike zum Mittelalter wurden romanische Trutzburgen mit dicken Mauern gebaut, die an mittelalterliche Burgen erinnerten und Sicherheit symbolisierten, nach dem Motto ‚Eine feste Burg ist unser Gott‘. Im Mittelalter wurden gothische Lichthallen erbaut, welche den damaligen städtischen Rathäusern ähnelten. In der Neuzeit wurden Kirchen zu barocken Himmelssälen, die mit ihren farbenfrohen Verzierungen den Himmel auf Erden darstellen sollten. Die darauffolgende Neogotik des 19. Jahrhunderts stand in der Zeit des Umbruchs für mittelalterliche Kopien, ähnlich der Architektur der staatlichen Komplementärbauten seiner Zeit. Darauffolgende moderne Kirchenbauten im 20. Jahrhundert spiegelten die architektonischen Trends der damaligen Zeit wider und repräsentierten die ‚Kirche in der Welt von heute‘ (Bienert et al., 2022, S. 20).

Kirchen sind auf alle Gemeindemitglieder ausgerichtet (Gigl, 2020, S. 78). Es gibt jedoch seit der Reformation zwei verschiedene Verständnisse des Kirchenraums der zwei Konfessionen, der Evangelischen und Katholischen Kirche (de Mortanges, 2007, S. 191). Die reine Unterscheidung, dass die katholische Kirche den Kirchenraum als ‚heiligen Ort‘ und die evangelische Kirche ihn als ‚Versammlungsort‘ ansieht, ist nur ein Aspekt (de Mortanges, 2007, S. 191). Die verschiedenen Ansichten des Kirchenraums kann man nach gottesdienstlicher Nutzung, individueller Frömmigkeit und weiteren Nutzungen, wofür der Kirchenraum verwendet werden könnte, untergliedern (Gigl, 2020, S. 80 ff.). Die katholische Kirche sieht diese Gebäude als heilige Orte an, welche einst geweiht wurden (Keller, 2016, S. 14). Sie dienen primär den Gottesdiensten und bieten den Gläubigen einen Ort, an dem sie gemeinsam beten und das Wort Gottes hören können, wie auch das Pascha-Mysterium zu feiern (Gigl, 2020, S. 80). Des Weiteren bieten katholische Kirchen Platz für individuelle Frömmigkeit. Dies könnten zum Beispiel Beziehungen zwischen Menschen und *Devotionsorten* (zum Beispiel Tabernakel oder Kerzenopfer) sein (Gigl, 2020, S. 80 f.). Die katholischen Kirchen bieten jedoch auch Platz für andere Nutzungen, wie Konzerte oder Ausstellungen. In der Vergangenheit wurden Kirchen sogar für militärische Interessen genutzt (Gigl, 2020, S. 81).

Im Gegensatz zur katholischen Kirche sieht die evangelische Kirche den Kirchenraum nicht als sakral an (Beste, 2014, S. 46). Dies geht vor allem aus der Meinung von Martin Luther hervor, der zwar meinte, dass der Akt des Gottesdienstes den Kirchenraum heiligt, das Kirchengebäude an sich aber nicht heilig ist (Keller, 2016, S. 110). Bezüglich der Nutzung des Raums war Luther auch der Meinung, dass dieser für gottesdienstliche Zwecke genutzt werden sollte, die das Spenden von Sakramenten und die Wortverkündung Gottes einschließt. Bezüglich der individuellen Frömmigkeit besagen viele aktuelle und frühere Quellen der evangelischen Kirche, dass die Kirche auch ein Ort ‚für die innere Einkehr ist‘ (Gigl, 2020, S. 109). Wie der evangelische Theologe Wolfgang Huber jedoch festgestellt hat, ist widersprüchlich dazu ‚im evangelischen Bereich die Meinung verbreitet, Kirchen seien Gebäude, die im Allgemeinen verschlossen sind und nur einmal in der Woche für kurze Zeit zum Gottesdienst geöffnet zu werden brauchen‘ (Gigl, 2020, S. 109). Bezüglich weiterer Nutzungsmöglichkeiten ist die evangelische Kirche weitaus toleranter als die katholische. Dies geht beispielsweise aus einer Äußerung der evangelischen Kirche von Westfalen hervor, die aussagte, dass grundsätzlich ‚alles in einem Kirchenraum stattfinden [kann], was auch im alltäglichen Leben vor Gott verantwortet werden kann‘. Dazu wurden dann noch einige Beispiele aufgeführt, wie beispielsweise die Nutzung der Kirchenräume für politische Diskussionen, Essen oder auch Feiern (Gigl, 2020, S. 110).

2.1.2 Wirtschaftlicher Hintergrund

Kirchen gehören aus Sicht der Immobilienökonomie den Spezialimmobilien an (Bienert & Wagner, 2018, S. 9; Cajias & Käsbauer, 2016, S. 878).

> „Spezialimmobilien sind Objekte, die für eine besondere Art der Nutzung konzipiert wurden und während ihres gesamten Lebenszyklus nur für diese eine Aktivität, die mithilfe der Immobilie ausgeführt wird, zur Verfügung stehen. Die Immobilien sind

in Bezug auf Architektur, Lage, Raumaufteilung, verwendete Materialien, Oberflächengestaltung des Grund und Bodens oder bspw. die fest verbundenen Betriebseinrichtungen auf ihre bereits in der Planungsphase festgelegte Verwendung zugeschnitten." (Bienert & Wagner, 2018, S. 3)

Es wird aber auch davon ausgegangen, dass zusätzlich eine geringe Drittverwendungs-fähigkeit eine Spezialimmobilie ausmacht (Bienert & Wagner, 2018, S. 3). Somit lässt sich sagen, dass eine Immobilie dann eine Spezialimmobilie ist, wenn sie eine geringe Flexibilität bezüglich der Nutzung aufweist, und von vornherein auf eine spezielle Nutzung ausgerichtet wurde (Bienert & Wagner, 2018, S. 3 f.). Systematisch können Kirchen den Spezialimmobilien im engsten Sinne zugeordnet werden, wie man in Abb. 2.1 erkennen kann. Diese weisen keine Flexibilität in der Art der Nutzung auf und lassen keinen Marktwert feststellen (Bienert & Wagner, 2018, S. 6 ff.). Des Weiteren werden Kirchen dem Bereich Social & Public zugeordnet. Abb. 2.1 stellt die Systematisierung von Spezialimmobilien dar (Eigene Darstellung in Anlehnung an Bienert & Wagner, 2018, S. 6).

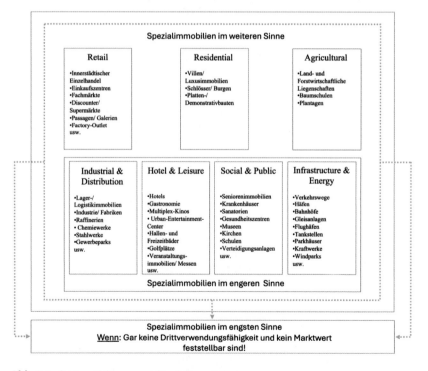

Abb. 2.1 Systematisierung von Spezialimmobilien

Deutschlandweit gibt es über 44.000 Kirchengebäude (Coenenberg & Nolte, 2021). Davon sind 24.000 katholische Sakralbauten und 20.372 evangelische Kirchengebäude (Statista, 2023a, S. 22; Sekretariat der Deutschen Bischofskonferenz, 2023, S. 23).

Grundsätzlich sehen Kirchengebäude nicht vor, einen Gewinn zu erzielen, jedoch verstärken sich die finanziellen Belastungen auf die Kirche immer weiter durch Gebäudeschäden oder auflaufende Unterhaltungsrückstände (Netsch, 2018, S. 84). Das Thema der finanziellen Herausforderung der Kirche durch Immobilien gewinnt aber erst seit wenigen Jahrzehnten an Relevanz. Das Immobilienvermögen steckt in vielen verschiedenen Arten von Immobilien. Neben den Kirchengebäuden, verteilt sich der Großteil des Vermögens auf andere Gebäude, wie Kindergärten oder auch Wohnimmobilien (Cajias & Käsbauer, 2016, S. 872). Die Summe aller Gebäude lässt sich in drei Kategorien klassifizieren (s. Abb. 2.2). Gebäude wie Kirchen oder Klöster sind Immobilien zur unmittelbaren Auftragserfüllung, Verwaltungsgebäude oder auch Schulen gehören der Gruppe der Immobilien zur mittelbaren Auftragserfüllung an. Die dritte Gruppe sind Gebäude die einen Ertrag erzielen sollen, wie zum Beispiel Wohn- und Gewerbeimmobilien. Letztere sind Immobilien des Kirchenfinanzvermögens. Die ersten beiden Gruppen sehen folglich eine Flächenoptimierung und Kostensenkung vor, während die dritte Art an Immobilien den Fokus auf Ertragserzielung und Kostensenkung setzt. Abb. 2.2 stellt die Klassifizierung kirchlicher Immobilien dar. (Eigene Darstellung in Anlehnung an Cajias & Käsbauer, 2016, S. 873)

Nicht nur der Immobilienbestand der christlichen Kirchen ist sehr heterogen, sondern auch die Eigentumsstruktur der Gebäude (Cajias & Käsbauer, 2016, S. 874). Die meisten Immobilien liegen im Eigentum der untersten Ebenen, den Kirchengemeinden, vor allem die Immobilien der unmittelbaren Auftragserfüllung (Cajias & Käsbauer, 2016, S. 874). Dazu gehören somit auch zum Beispiel Kirchen

Kirchliche Immobilien

Immobilienklasse	Immobilien zur unmittelbaren Auftragserfüllung	Immobilien zur mittelbaren Auftragserfüllung	Immobilien des Kirchenfinanzvermögens
Objekte	Kirchen, Friedhofskapellen, Klöster	Verwaltungsgebäude, Pfarrwohnungen, Schulen, Krankenhäuser	Wohn- und Gewerbeimmobilien, Land- und Fortwirtschaft, Erbbaurechte, u. a.
Zielsetzung	Flächenoptmierung/ Kostensenkung		Ertragssteigerung/ Kostensenkung

Abb. 2.2 Klassifizierung kirchlicher Immobilien

Rechtsträger	Eigentümer von	Immobilienbezogene Rechte
Kirchengemeinde	Kirchen, Friedhofskapellen, Gemeindezentren, Gemeindehäusern, Pfarrhäusern, Kindertagesstätten, Wohn- und Geschäftshäuser, Forstwirtschaft und Erbbaurechte	Verfügungsrechte über eigene Immobilien
Mittelinstanzen (nur bei größeren Bistümern/Landeskirchen)	Verwaltungsgebäuden, Einrichtungen der Aus-, Fort- und Weiterbildung, Wohn- und Geschäftshäuser, Forstwirtschaft und Erbbaurechte	Mitentscheidungsrechte bei Immobilienentscheidungen der Kirchengemeinden
Bistum/Landeskirche	Verwaltungsgebäuden, Einrichtungen der Aus-, Fort- und Weiterbildung, Wohn- und Geschäftshäuser, Forstwirtschaft und Erbbaurechte	Aufsichtsrechte bei Immobilienentscheidungen der Kirchenkreise und -gemeinden

Abb. 2.3 Vereinfachter Aufbau der Kirchen-/Eigentums-/Entscheidungsebenen

und Friedhofskapellen. Die Kirchengemeinden haben auch die Verfügungsrechte über diese Immobilien. Nicht zu vergessen ist jedoch, dass die darüberliegenden Ebenen Mitentscheidungsrechte und Aufsichtsrechte haben. Abb. 2.3 zeigt den vereinfachten Aufbau der Kirchen-, Eigentums- und Entscheidungsebenen (Eigene Darstellung in Anlehnung an Cajias & Käsbauer, 2016, S. 874).

Der Erhalt dieser Kirchengebäude wird durch verschiedene Einnahmequellen finanziert (Cajias & Käsbauer, 2016, S. 879; Bienert et al., 2023, S. 24). Die Einnahmen der Kirchen setzen sich größtenteils aus der Kirchensteuer der Kirchenmitglieder zusammen. Diese werden im Zuge der Einkommens-, Lohn – und Kapitalertragssteuer erhoben. In den meisten Fällen ist den verschiedenen Instanzen der Kirche bekannt, welche finanziellen Mittel sie für das laufende Jahr zur Verfügung haben, und sie können bisher damit gut auskommen. Bekannt ist aber auch, dass bei manchen Bauprojekten mehr finanzielle Mittel benötigt werden, wodurch die Kirche versucht, diese mit weiteren freiwilligen finanziellen Beiträgen aus der Gesellschaft zu ergänzen (Bienert et al., 2023, S. 24). Im Jahr 2022 nahm die katholische Kirche in Deutschland 6,85 Mrd. € durch die Kirchensteuer ein, während die evangelische Kirche 6,24 Mrd. € einnahm (Statista, 2023b, S. 23). Der Erhalt der kirchlichen Immobilien nimmt bei beiden Konfessionen einen großen Anteil an den Gesamtausgaben ein. Die evangelische Kirche hat zum Beispiel im Jahr 2013 1040 Mrd. € für den Erhalt ihrer Gebäude ausgegeben, was über zehn Prozent der gesamten Ausgaben entspricht (Cajias & Käsbauer, 2016, S. 879). Aus einer Grafik des Handelsblatts geht hervor, dass 10,4 % der Kirchensteuer der evangelischen Kirche für den Erhalt kirchlicher Gebäude aufgewendet werden (Suhr et al., 2018).

2.1.3 Säkularisierung und Folgen

Die aktuelle Situation der Kirchen beschreibt die Deutsche Bischofskonferenz als fortgeschrittene Säkularisierung (Sekretariat der Deutschen Bischofskonferenz, 2019, S. 1). Die Säkularisierung ist schon seit den 1970er-Jahren als sogenannter Megatrend immer stärker im Gespräch und wird als Wandel der Religiosität beschrieben (Altrock et al., 2023, S. 33). Konkret bedeutet das, dass immer weniger Menschen der Kirche angehören, von ihr überzeugt sind und an kirchlichen Praktiken teilnehmen (Meulemann, 2019, S. 5). Diese Entwicklung hat verschiedenste Gründe, darunter der demografische Wandel oder auch soziokulturelle Faktoren, wie der Rückgang von Kirchenmitgliedern und Taufen (Rettich et al., 2023, S. 17). Zusätzlich ist bekannt, dass Migration dieser Entwicklung nicht entgegenwirken kann, da die Zuwanderer meist nicht der katholischen oder evangelischen Konfession angehören, sondern eher Gläubige der muslimischen oder christlich orthodoxen Religion sind (Immobilien Zeitung, 2010, S. 1). Neben der Säkularisierung verschärfen auch die Missbrauchsfälle die Abnahme der Mitgliederzahlen (Altrock et al., 2023, S. 33).

Die Entwicklung der rückläufigen Zahl an Kirchenmitgliedern lässt sich deutlich erkennen. Im Jahr 2005 gab es noch 25,9 Mio. Katholiken in Deutschland, während es 2022 nur noch 20,9 Mio. waren (Statista, 2023b, S. 4). Prozentual betrachtet waren im Jahr 2005 noch über 30 % der deutschen Bevölkerung Katholiken, während es im Jahr 2022 nur noch etwa 25 % waren (Statista, 2023b, S. 5). Ähnlich ist auch der Verlauf der Mitgliederzahlen der evangelischen Kirche Deutschlands. Im Jahr 2005 waren noch 25,39 Mio. Menschen Mitglied und im Jahr 2022 nur noch 18,56 Mio. (Statista, 2023a, S. 5). Dies spiegelt sich am Beispiel der evangelischen Kirche, auch in den Zahlen der Kirchenaustritte wider. Im Jahr 2005 gab es in der evangelischen Kirche 119.561 Kirchenaustritte und im Jahr 2022 380.000. Bei der katholischen Kirche gab es im Jahr 2022 sogar 522.821 Austritte aus der Kirche (Statista, 2024). Laut dem Forschungszentrum Generationsverträge (FZG) der Albert-Ludwig-Universität Freiburg wird sich diese Entwicklung in Zukunft fortsetzen. Bis zum Jahr 2035 wird sich die Mitgliederzahl beider Kirchen um 22 % verringern und bis zum Jahr 2060 um 49 %. Dieser Rückgang wird zudem mehr auf soziokulturellen Faktoren basieren und weniger auf demografischen (EKD, 2019, S. 8).

Um die Auswirkungen der genannten Entwicklungen auf die Kirchengebäude zu erkennen, sollte man jedoch nicht nur die Zahlen der Kirchenmitglieder betrachten, sondern auch die der Kirchenbesucher, da diese Zahlen Auswirkungen auf die Auslastung der Gebäude haben (Schäfer, 2018, S. 12). Die Anzahl der Gottesdienstbesucher ist seit vielen Jahrzehnten rückläufig, was am Beispiel der katholischen Kirche gut zu erkennen ist. Im Jahr 2005 besuchten noch 3,69 Mio. Katholiken den Gottesdienst, während es 2022 nur noch 1,19 Mio. waren. 1950 waren es sogar noch 11,69 Mio. Gottesdienstbesucher gewesen (Statista, 2023b, S. 15). Neben der sinkenden Nachfrage gibt es bei der katholischen Kirche zusätzlich Probleme auf der Angebotsseite, da auch ein Priestermangel existent ist (Schäfer, 2018, S. 14). Der katholische Klerus hat nämlich viele Priester im höheren Alter und wenige Neuweihen (Sekretariat der Deutschen Bischofskonferenz, 2019, S. 2). Im Jahr 2005 gab es noch über 16.000 Priester, im Jahr 2022 nur noch ca. 12.000 (Statista, 2023b, S. 12). Priesterweihen gab es im Jahr 2005 noch 122 und im Jahr 2022 nur noch 33 (Statista, 2023b, S. 14). Die Folge daraus ist, dass immer mehr Kirchengemeinden zusammengeschlossen werden und immer mehr Gläubige auf einen Pfarrer treffen, trotz der Entwicklung der Mitgliederzahlen und Gottesdienstbesuche. Bei der evangelischen Kirche ist diese Entwicklung nicht in dieser Form vorhanden (Schäfer, 2018, S. 14). Der Zusammenschluss von Kirchengemeinden hat zur Folge, dass Kirchengebäude weniger ausgelastet sind oder geschlossen werden (Sekretariat der Deutschen Bischofskonferenz, 2019, S. 2). Aus einem Artikel der Zeit aus dem Jahr 2021 geht hervor, dass demnach schon in rund 1000 Kirchen kein Gottesdienst mehr gefeiert wird, davon 587 katholische und 382 evangelische Kirchen (Coenenberg & Nolte, 2021). Zusätzlich sind zum Beispiel manche christlichen Gemeinden ländlicher Kleinstädte immer mehr mit dem Erhalt von mehreren Gotteshäusern überfordert (Sekretariat der Deutschen Bischofskonferenz, 2019, S. 2). Zwar sind die Kirchensteuereinnahmen der Kirchen in den letzten Jahren sogar gestiegen, jedoch wird sich die finanzielle Situation in Zukunft verschärfen (Beste, 2014, S. 8; Statista, 2023b, S. 23). Der Abstand zwischen Einnahmen und Ausgaben der christlichen Kirchen wird sich in Zukunft immer weiter vergrößern (Immobilien Zeitung, 2010, S. 1). Das FZG prognostiziert, dass die Kirchen im Jahr 2060 knapp 25 Mrd. € benötigen, um sich den gleichen kirchlichen *Warenkorb* aus dem Jahr 2017 leisten zu können. Das Problem ist, dass sie voraussichtlich nur knapp die Hälfte davon zur Verfügung haben werden (EKD, 2019, S. 14). Die Nutzung und der Erhalt von Kirchengebäuden sind Teil dieser finanziellen Belastung für die Kirche. Zusätzlich zum Problem der geringen Auslastung steigen die Betriebskosten für die Gebäude kontinuierlich, und es besteht außerdem Rückstand bei notwendigen Modernisierungs- und Sanierungsarbeiten (Immobilien Zeitung, 2010, S. 1). Alle bisher genannten Gründe und Folgen bewirken oft sowohl die Schließung, als auch manchmal den Abriss von Kirchengebäuden (Gerhards, 2018, S. 40; Sekretariat der Deutschen Bischofskonferenz, 2019, S. 2). Der Abriss eines Kirchengebäudes ist jedoch die *ultima ratio* und wird erst nach mehreren Überlegungen von Nutzungsvarianten in Erwägung gezogen (Gerhards, 2018, S. 40).

2.2 Nutzungsänderung Kirchengebäude

In den folgenden Abschnitten dieses Kapitels wird auf die Nutzungsänderung von Kirchengebäuden und auf die dafür nötigen Voraussetzungen konkret eingegangen. Im Abschn. 2.2.1 wird erläutert, welche Rolle *Profanierung* und *Entwidmung* als Voraussetzung für eine mögliche Umnutzung spielen. Abschn. 2.2.2 geht darauf ein, um was es sich bei einer *Umnutzung* handelt, und welche Alternativen zur Umnutzung existieren.

2.2.1 Profanierung & Entwidmung

Um eine Nutzungsänderung einer Kirche möglich zu machen, muss diese bei Katholiken erst profaniert werden und bei Protestanten entwidmet werden (Kleefisch-Jobst et al., 2022, S. 17). Beide Arten sind vor allem aufgrund des jeweiligen Verständnisses des Kirchenraums der beiden Konfessionen zu unterscheiden (de Mortanges, 2007, S. 185). Wie bereits in 2.1.1. erwähnt, handelt es sich bei Kirchen aus Sicht der katholischen Kirche um *heilige Orte* (de Mortanges, 2007, S. 187). Der Codex Iuris Canonici (CIC) aus dem Jahr 1983 ist das geltende Rahmengesetz für die gesamte römisch-katholische Kirche, welches unter anderem die Bedeutung von Kirchen beziehungsweise heiligen Orten und den Umgang mit ihnen normiert (de Mortanges, 2007, S. 186). Es sagt aus, dass ein Gebäude von einem Bischof geweiht wurde und ab dem Moment nur noch für einen Zweck verwendet werden darf, der „(…) der Ausübung oder Förderung von Gottesdienst, Frömmigkeit und Gottesverehrung dient (…)" (de Mortanges, 2007, S. 188). Dies bedeutet auch, dass alles, was mit der Heiligkeit des Ortes nicht übereinstimmt, dort nicht stattfinden darf (de Mortanges, 2007, S. 188). Der Akt der Weihung kann durch eine Entweihung rückgängig gemacht werden, was eine anderweitige Nutzung möglich machen kann (Keller, 2016, S. 14). In der katholischen Kirche spricht man im Zuge dessen von einer Profanierung. Durch diese kann sowohl ein ganzes Gebäude entweiht werden als auch einzelne Teilbereiche einer Kirche. Des Weiteren gibt es auch geweihte Objekte in Kirchengebäuden, mit denen auch besonders gehandhabt werden soll. Beispielsweise fordert die Kirche, dass ein Altar entweder auch profaniert- oder sogar zerstört werden soll (de Mortanges, 2007, S. 17).

Durch das katholisch genormte Verständnis des heiligen Raums müssen bei einer Umnutzung sowie bei einer Vermietung oder einem Verkauf im Zuge einer anderen Nutzung Riten und Formalien befolgt werden. Dies gilt auch für den Abriss (de Mortanges, 2007, S. 188). Bevor einer Kirche ihre sakrale Nutzung entzogen wird, müssen Gründe vorliegen, die der Bischof sorgfältig abwägen muss, um zu entscheiden, ob eine weitere Nutzung der Kirche sinnvoll ist. Solche Gründe können finanzieller Natur sein, (zum Beispiel Unterhaltskosten), pastoraler Art oder die Folge von Naturereignissen, die das Gebäude unbrauchbar gemacht haben (de Mortanges, 2007, S. 188). Bevor der Entschluss zur Profanierung gefasst wird, sieht die katholische Kirche vor, dass vorher alle Argumente für und gegen den Erhalt des Gebäudes abgewogen, alternative Nutzungsmöglichkeiten geprüft werden und die Gemeinde mit einbezogen wird (Bischöfliches Ordinariat Liturgiekommission des Bistum Limburg, 2021, S. 8). Der Bischof hat die Möglichkeit, vor der Entscheidung zur Profanierung diejenigen, die davon betroffen sind, anzuhören. Bei einer Pfarrkirche könnte dies beispielsweise der Pfarrer sein. Wenn sich jedoch der Abriss oder die endgültige Umnutzung nach allen Abwägungen nicht vermeiden lässt, muss der zuständige Bischof die Profanierung vornehmen (de Mortanges, 2007, S. 189). Nach der gültigen Profanerklärung des Bischofs wird das Kirchengebäude dann nicht mehr kirchenrechtlich als heiliger Ort angesehen. Vor der Verlesung des Profanierungsdekrets soll noch ein letzter Gottesdienst gefeiert werden, um der Kirchengemeinde die Möglichkeit zu geben, sich von der Kirche zu verabschieden. Auch nach der Profanierung soll das Gebäude würdevoll behandelt werden. Wird dieses abgerissen, soll an dessen Stelle ein Kreuz oder eine Gedenktafel angebracht werden. Für den Verkauf des Gebäudes oder Grundstücks, nach Abriss des Gebäudes, ist bei Überschreiten eines bestimmten Verkaufswertes die Zustimmung des Diözesanbischofs erforderlich. Die betroffene Kirchengemeinde oder Pfarreistiftung muss diese Zustimmung einholen. Der Diözesanbischof wiederum benötigt für den Verkauf die Bestätigung durch den Diözesanverwaltungsrat und das Konsultorenkollegium (de Mortanges, 2007, S. 190).

Wie in Abschn. 2.1.1 erwähnt, kennt die evangelische Kirche, anders als die katholische Kirche, die sakrale Form von Kirchengebäuden nicht (Beste, 2014, S. 46). Jedoch wird auch dort der vormals gewidmete Kirchenraum zusammen mit den Einrichtungsgegenständen und Ausstattungsmerkmalen hochgeschätzt, da er eine besondere Aura besitzt (Kleefisch-Jobst et al., 2022, S. 17; Liturgische Ausschüsse UEK & VELKD, 2022, S. 47). Bei vollständiger Nutzungsänderung findet bei dieser Konfession eine sogenannte Entwidmung statt, welche die Zustimmung der jeweiligen Landeskirche benötigt (Kleefisch-Jobst et al., 2022, S. 17). Beim Akt der Entwidmung handelt es sich außerdem um einen rechtlichen Prozess. Die evangelische Kirche sieht zudem vor, dass bei einer Entwidmung ein Gottesdienst abgehalten wird, zu dem auch öffentliche Vertreter eingeladen werden. Für diesen Anlass haben die zuständigen Einrichtungen und Gremien einiger Landeskirchen spezielle Musterliturgien entwickelt (Liturgische Ausschüsse UEK & VELKD, 2022, S. 47). Wie bei der katholischen Kirche müssen evangelische Kirchengemeinden eine Genehmigung von der höheren Instanz einholen.

Konkret müssen sich also die Protestanten eine geplante Umnutzung oder einen Verkauf eines Kirchengebäudes durch die jeweilige Landeskirche genehmigen lassen (Beste, 2014, S. 52).

2.2.2 Umnutzung

Gebäude werden häufig neuen Nutzungen gewidmet. Beispielsweise werden oftmals frühere Fabrikgebäude zu Wohnungen umgenutzt (Netsch, 2018, S. 47). Die Thematik der Umnutzung ist keine Neue. Gebäude, die über den Lauf der Geschichte erhalten wurden, haben meist eine andere Nutzung als die, die damals für sie vorgesehen war. Tatsächlich haben sogar fast alle Gebäude, die über 50 Jahre alt sind, in ihrer Geschichte mehrere Verwendungen erfahren. Gleiches gilt für Kirchengebäude (Meys & Gropp, 2010a, S. 12). Im geschichtlichen Verlauf der Kirche gab es immer wieder Profanierungen, Umnutzungen, sowie Abrisse. Ursachen dafür waren wie in Abschn. 2.1.3 erwähnt, finanzielle Gründe, Folgen der Säkularisierung, aber auch Kriege oder die Aufhebung von Klöstern (Immobilien Zeitung, 2010, S. 2). Diese Kirchen wurden dann zum Beispiel als Museum, Möbelgeschäft oder als Wohnung genutzt (Meys & Gropp, 2010a, S. 12). Im Gegensatz zu früher ist jedoch seit einigen Jahren neu, dass die aus Abschn. 2.1.3 genannten Probleme die Thematik dominieren (Meys & Gropp, 2010a, S. 5). Zum Beispiel hat diese Situation die katholischen Diözesen dazu gebracht, Kirchen, die sie nicht mehr benötigen oder welche kritisch zu erhalten sind, zu nicht religiösen Zwecken umzunutzen. Dies entweder als Eigentümer selbst oder durch den Verkauf an Institutionen oder Privatpersonen (Sekretariat der Deutschen Bischofskonferenz, 2019, S. 12). Zwischen 2000 und 2017 wurden 500 Kirchen von der katholischen Kirche aufgegeben. Von der evangelischen Kirche wurden im Zeitraum von 1990 bis 2017 700 Kirchen nicht mehr liturgisch verwendet (Baukultur Bundesstiftung, 2018, S. 88). Interessant ist auch, dass die katholische Kirche im Zeitraum 2000 bis 2017 140 Kirchen abgerissen hat (Oeben, 2022, S. 275). Des Weiteren geht aus einer Kommunalumfrage des Baukulturberichts aus dem Jahr 2019 hervor, dass 50,6 % der Teilnehmer aussagten, dass sie in den fünf Jahren vor der Umfrage in ihrer Kommune erlebt haben, dass Kirchen aus der Nutzung gefallen sind (Baukultur Bundesstiftung, 2018, S. 165).

Als Alternative zu einer Umnutzung gibt es drei verschiedene Möglichkeiten. Die erste, radikale Variante, ist eine Kirche abreißen zu lassen und das Grundstück selbst zu verwenden oder zu verkaufen, wenn es sich zu dem Zeitpunkt beispielsweise noch im kirchlichen Eigentum befindet. Man geht aber davon aus, dass ein Abriss aufgrund des Denkmalschutzes schwer zu erreichen ist (Manschwetus &

Damm, 2022, S. 3). Des Weiteren ist aus Sicht der Kirche der Abriss die letzte zu erwägende Möglichkeit für eine nicht mehr zu gebrauchende Kirche (Kleefisch-Jobst et al., 2022, S. 38). Laut der Deutschen Bischofskonferenz werden manche Kirchen jedoch abgerissen, „falls ein Gebäude keinen künstlerischen, historischen oder architektonischen Wert hat" (Sekretariat der Deutschen Bischofskonferenz, 2019, S. 3). Die zweite Alternative wäre eine Nutzungserweiterung. Dies bedeutet, dass weiterhin sakrale Nutzungen im Gebäude stattfinden, daneben jedoch auch weltliche oder kirchliche Partner den Kirchenraum außerhalb des Gottesdienstes verwenden können (Manschwetus & Damm, 2022, S. 3). Die dritte Alternative ist die Teilumnutzung. Dabei wird ein Teil des Kirchenraums durch Umbaumaß-nahmen im Gebäude abgespalten, der durch andere nicht sakrale Nutzungen ver-wendet werden kann. Diese Abtrennung ist beispielsweise durch temporäre oder dauerhafte Trennwände möglich (Manschwetus & Damm, 2022, S. 4). Die Variante der Umnutzung bei einer Kirche bedeutet, dass ein für die Kirche nicht mehr brauch-bares Kirchengebäude einer neuen Nutzung zugeführt wird (Keller, 2016, S. 9). Zum einen bedeutet das, dass der ganze Kirchenraum des Gebäudes eine neue Ver-wendung findet. Zum anderen, dass das Gebäude im Fall der katholischen Kirche seinen sakralen Status verliert, wie in Abschn. 2.2.1 beschrieben (Manschwetus & Damm, 2022, S. 3). Nach dieser Definition ist die danach folgende geplante Nut-zung eine nicht liturgische oder nicht religiöse Nutzung (Schäfer, 2018, S. 25).

2.3   Denkmalschutz und Denkmalpflege Kirchen

Im Jahr 2017 existierten in Deutschland laut dem Statistischen Bundesamt etwa eine Million Denkmäler. 63 % davon sind Baudenkmäler, also Einzelbau- oder Gartendenkmäler und Ensembles von mehreren Gebäuden. Der restliche Anteil be-steht aus Bodendenkmälern (Statistisches Bundesamt, 2018, Abs. 1). Damit ein Bauwerk ein Baudenkmal ist, muss es laut Denkmalschutzgesetzen der ver-schiedenen Bundesländer aus Teilen baulicher Anlagen oder baulichen Anlagen bestehen. Des Weiteren muss öffentliches Interesse bestehen, dass das Bauwerk aufgrund der wissenschaftlichen, geschichtlichen, künstlerischen oder städtebau-lichen Bedeutung erhalten und genutzt wird. Mindestens einer der Gründe muss zutreffen, um das Bauwerk als Baudenkmal feststellen zu können (gif, 2007, S. 9). Denkmäler müssen nicht von hohem Rang oder überregionaler Bedeutung sein. Beispielsweise sieht das Denkmalschutzgesetz von Nordrhein-Westfalen (NRW) vor, dass es auf die Geschichte und die Bedeutung für die Menschen ankommt, und dass das Baudenkmal nicht unbedingt ein gewisses Alter oder eine besondere Schönheit aufweisen muss (Kleefisch-Jobst et al., 2022, S. 16).

Der Schutz und die Pflege von Denkmälern ist Aufgabe der einzelnen Bundesländer und somit nicht Bundessache (gif, 2007, S. 7). Hierbei sind die lokalen Behörden für denkmalrechtliche Themen verantwortlich, wie es auch bei baurechtlichen Belangen der Fall ist (Raabe, 2015, S. 14). Zu erwähnen ist, dass das Denkmalschutzrecht den anderen Bereichen des öffentlichen Rechtes bezüglich der Wertigkeit gleichgestellt ist. Somit ist das Baurecht weder mehr noch weniger von Relevanz als das Denkmalschutzrecht. In Einzelfällen kann es jedoch anderen öffentlichen Rechten in einzelnen Punkten übergeordnet oder untergeordnet werden (gif, 2007, S. 8). Im Zuge der Denkmal- Thematik muss zusätzlich zwischen Denkmalschutz und Denkmalpflege unterschieden werden (gif, 2007, S. 7).

„Mit dem Denkmalschutz sind alle hoheitlichen Maßnahmen der öffentlichen Hand gemeint: Gebote, Verbote, Genehmigungen, Erlaubnisse und Sanktionen. Unter Denkmalpflege versteht man alle Bemühungen nicht hoheitlicher Art die Pflege und den Schutz des Denkmals betreffend. Dazu gehören die behördlichen Unterstützungen ebenso wie das auf den Denkmalerhalt zielende Engagement aller Beteiligten in Bezug auf Vorsorge, Beratung, Planung, Bau und Nutzung." (Raabe, 2015, S. 33)

Zum einen hat die Denkmalpflege die Aufgabe, die Denkmäler durch Pflege, Restaurierung und Konservierung zu erhalten. Zum anderen ist eine ihrer wichtigsten Aufgaben, die schützenswerten Denkmäler zunächst erstmal zu identifizieren. Diese Identifizierung erfolgt durch einen *Kriterienkatalog*, der beispielsweise die Qualität oder städtebauliche Bedeutung des schützenswerten Kulturguts in die Bewertung miteinbezieht (Keller, 2016, S. 20). Wenn genügend Begründungen aufgebracht wurden, kann ein Denkmal in die Denkmalliste der jeweiligen Kommune eingetragen werden. In NRW kann dieser Vorgang beispielsweise durch einen Antrag der Eigentümerschaft, der Denkmalpflegeämter oder durch die Kommune selbst geschehen (Kleefisch-Jobst et al., 2022, S. 17).

Dadurch, dass Denkmalschutz und Denkmalpflege Landessache sind, ergeben sich 16 voneinander abweichende Verwaltungsstrukturen, die aber ähnlich funktionieren. Für die Eigentümer der Denkmäler ist die untere Denkmalschutzbehörde die erste Anlaufstelle. Diese führt meist die oben genannte Denkmalliste und ist für die Genehmigungen von Projekten zuständig (Raabe, 2015, S. 14). Wenn ein Projekt eine hohe Bedeutung aufweist, gibt es auch noch die obere Denkmalschutzbehörde, welche meist überregional zuständig ist. Deren Aufgabe ist es, die untere Denkmalschutzbehörde durch erweitertes Fachwissen zu beraten (Raabe, 2015, S. 16). Die Behörden bestehen aus Fachbehörden und Vollzugsbehörden. Zum einen die Denkmalschutzbehörden, welche die Aufgaben des Denkmalschutzes übernehmen und zum anderen die Denkmalfachbehörden, die die Denkmalpflege zur Aufgabe haben (gif, 2007, S. 7 f.).

In Bezug auf die Kirchen steht ein großer Anteil der ca. 45.000 katholischen und evangelischen Kirchengebäude unter Denkmalschutz. Von den etwa 24.500 katholischen Kirchen sind es ca. 23.000. Bei der evangelischen Kirche sind es ungefähr 17.000 von den rund 21.000 Kirchen (Baukultur Bundesstiftung, 2016, S. 34). Bezüglich des Umgangs mit diesen Gebäuden stehen beide Konfessionen schon seit Jahrzehnten mit der Denkmalpflege im Gespräch, vor allem beim Thema Umnutzung (Meys & Gropp, 2010a, S. 9). Die Kirche und die Denkmalpflege verfolgen nämlich ähnliche Interessen in der Thematik des Umgangs mit Kirchengebäuden beziehungsweise im Umgang mit Denkmälern. Diese Schnittstelle geht bei der katholischen Kirche aus der sogenannten *Charta der Villa Vigoni zum Schutz der kirchlichen Kulturgüter* aus dem Jahr 1994 hervor. Diese Empfehlung betont, dass kirchliche Kulturgüter einen wichtigen Teil des kulturellen Erbes der Menschheit darstellen und die christliche Tradition widerspiegeln. Des Weiteren fordert sie, dass Kirche, Gesellschaft und Staat diese Kulturgüter erforschen, schützen, ihre Bedeutung hervorheben und sie an zukünftige Generationen weitergeben sollen. Außerdem verfolgen sowohl Denkmalpflege als auch Kirche das Ziel, dass ein Abriss eines Kirchengebäudes die letzte mögliche Lösung sein sollte (Meys & Gropp, 2010a, S. 8). Beim Thema der Umnutzung verfolgen beide zusätzlich die Ziele, dass eine Kirche im Falle einer neuen Nutzung weiterhin die materiellen und künstlerischen Werte als auch ihre bedeutungswerte Erscheinung beibehalten soll (Meys & Gropp, 2010a, S. 9). Im Zuge dessen hat beispielsweise die Deutsche Stiftung Denkmalschutz im Jahr 2014 etwa ein Drittel ihrer Projektmittel für die Denkmalpflege von Kirchengebäuden aufgewendet (Keller, 2016, S. 19). Auch wenn es um Eintragungsverfahren oder Veränderungen von Kirchen unter Denkmalschutz geht, sind die kirchlichen Verwaltungen mit den Denkmalbehörden und Denkmalfachämtern durch Kommunikations- und Abstimmungsprozesse verbunden (Beste, 2014, S. 53).

Stand der Forschung 3

Im dritten Kapitel dieses Buches wird der jetzige Forschungsstand aufgezeigt. Im Abschn. 3.1 werden die Chancen aufgezeigt, die eine Umnutzung einer Kirche bieten kann. Danach geht es in Abschn. 3.1.1 um die Erhaltung des architektonischen Erbes einer Kirche und schließlich in Abschn. 3.1.2, 3.1.3 und 3.1.4 um die möglichen nicht-religiösen Nachnutzungen, die durch eine Umnutzung erreicht werden können. In Abschn. 3.2 geht es um Herausforderungen, die durch die Absicht einer Nachnutzung auftreten können. Dazu gehören religiösen Bedenken und die Akzeptanz in der Gesellschaft, finanzielle Herausforderungen und Ressourcenbeschränkungen, wie auch die Einschränkungen durch rechtliche Vorschriften und den Denkmalschutz.

3.1 Chancen

In den folgenden Abschnitten werden Chancen im Zuge einer Umnutzung von Kirchengebäuden hervorgehoben. In Abschn. 3.1.1 wird auf den Erhalt des architektonischen und städtebaulichen Erbes von Kirchen eingegangen. In den Abschn. 3.1.2, 3.1.3 und 3.1.4 werden mögliche nicht-religiöse Nachnutzungen eines säkularisierten Kirchengebäudes aufgezeigt. Diese werden in kulturelle, soziale und gewerbliche beziehungsweise kommerzielle Nutzungen unterteilt (Netsch, 2018, S. 64). Unter die kommerzielle Nutzung fällt auch als Sonderfall die Wohnnutzung (Netsch, 2018, S. 66).

C. von Rheinbaben, T. Glatte, *Umnutzung von Sakralbauten*, Studien zum nachhaltigen Bauen und Wirtschaften, https://doi.org/10.1007/978-3-658-47023-4_3

3.1.1 Erhaltung des architektonischen und städtebaulichen Erbes

Die Architektur ist Träger des menschlichen Gedächtnisses, der Geschichte und der Identität, so der Kunsthistoriker John Ruskin (Netsch, 2018, S. 3). Kirchengebäude weisen solch eine geschichtliche und identitätsstiftende Qualität auf (Baukultur Bundesstiftung, 2018, S. 88). Aufgrund dieser Qualitäten sowie der sozialen und baukulturellen Bedeutung von Kirchen ist es besonders lohnend, Kirchengebäude zu erhalten. Dies gilt sowohl für die Fortsetzung ihrer kirchlichen Nutzung als auch für die Erschließung weiterer sinnvoller Nutzungen (Baukultur Bundesstiftung, 2018, S. 88). Die identitätsstiftende Qualität äußert sich unter anderem im äußeren Erscheinungsbild beziehungsweise Städtebaubild mancher Städte. Wenn ein Mensch die Stadtsilhouette einer Stadt wiedererkennen möchte, hilft dabei sehr oft die Silhouette eines Kirchengebäudes. Betrachtet man als Beispiel die Stadt München, hilft die Frauenkirche dabei, die Stadt zu identifizieren, in Köln erkennt man diese durch den Kölner Dom (Kleefisch-Jobst et al., 2022, S. 28). Sakralbauten, beziehungsweise in diesem Fall die Kirchenbauten, waren fast immer die sichtbarsten Bauten in einer Stadt (Löffler & Dar, 2022, S. 181). Diese Sichtbarkeit im Städtebau und in der Architektur erreichen sie durch verschiedene Mittel. Die Gebäude werden zum einen durch die Größe sichtbar, da diese Eigenschaft einen Bau in einer Stadt unübersehbar machen kann (Löffler & Dar, 2022, S. 181 f.). Auch die Massivität und Höhe einer Kirche macht diese in einem Stadtbild sichtbarer (Löffler & Dar, 2022, S. 182). Zusätzlich ist auch die Zentralität ein Grund, weshalb Kirchengebäude sichtbar sind (Löffler & Dar, 2022, S. 182). Kirchen sind häufig in der Mitte einer Stadt platziert und besitzen oft *1A-Lagen* (Kleefisch-Jobst et al., 2022, S. 28). Schließlich ist auch noch die Axialität zu nennen, nach welcher die Gebäude auch aus weiteren Entfernungen sichtbar sein können, aufgrund der Ausrichtung der Kirche am Zielpunkt einer Blickachse im Stadtbild (Löffler & Dar, 2022, S. 182). Auch schon allein aus Sicht des Stadtmarketings ist die Erhaltung eines Kirchenbaus wünschenswert, da diese Gebäude die oben genannte bedeutende städtebauliche Identität schaffen. Beispielsweise werden auch die Außenfassaden manchmal durch Eventplaner für Werbebanner genutzt, um ein Wein-oder Marktfest zu bewerben (Kleefisch-Jobst et al., 2022, S. 28).

Des Weiteren sind Kirchen häufig die einzigen Gebäude in einer Stadt oder in einem Dorf, die die baukulturelle Tradition mit sich tragen (Baukultur Bundesstiftung, 2018, S. 88). Deshalb achtet die Denkmalpflege darauf, die historische Bausubstanz und Ausstattung zu erhalten. Dabei gilt das Prinzip, dass jede Überlegung zur Nutzungsänderung und baulichen Anpassung vom bestehenden Bestand ausgehen sollte, anstatt dass dem Bauwerk ein Konzept aufgezwungen wird,

das durch dieses nicht sinnvoll erfüllt werden kann (Raabe, 2015, S. 23). Maßnahmen sollen demnach so vorgenommen werden, dass sie den kleinstmöglichen
Eingriff in die Substanz darstellen (Raabe, 2015, S. 24). Veränderung eines Gebäudes hin zu einer neuen Nutzung gehen immer mit dem Verlust von Denkmalsubstanz einher (Beste, 2014, S. 56). Aber auch durch das Fehlen einer Nachnutzung
können architektonische, städtebauliche und baukulturelle Verluste auftreten (Baukultur Bundesstiftung, 2018, S. 88). Ohne eine neue Nutzung des Kirchenbaus
würde also statt eines Teilverlustes ein vollständiger Verlust des Gebäudes bevor-
stehen. Daher muss bei einem potenziellen Umnutzungsprojekt abgewogen werden, inwiefern ein Erhalt gleichzeitig mit einer Ermöglichung einer neuen Nutzung
möglich gemacht werden kann (Beste, 2014, S. 56). Dies kann durch gezielte Eingriffe geschehen, bei denen beachtet wird, dass der besondere Charakter einer Kirche bewahrt wird – somit also sowohl dessen Bedeutung im Stadtbild als auch dessen Substanz erhalten bleiben. Sollten also beispielsweise Einbauten oder An-
bauten bei der Umnutzung in Planung sein, wird präferiert, diese reversibel zu
gestalten, um den Wert des Denkmals zu bewahren (Meys & Gropp, 2010b, S. 155).
Sollten Maßnahmen jedoch nicht reversibel sein, sollen die Veränderungen eine um
so höhere Qualität in der Gestaltung aufweisen. Dies durch eine gute Mischung aus
alten und neuen Teilen im Gebäude (Beste, 2014, S. 56). Durch die Verwendung
bereits vorhandener Bausubstanz ist eine Nutzungsänderung dementsprechend
auch nachhaltiger für die Umwelt (Meys & Gropp, 2010b, S. 154).

3.1.2 Potenzial für kulturelle Nutzung

Bei umgenutzten Kirchen wird häufig eine kulturelle Nutzung als Nachnutzung an-
getroffen (Netsch, 2018, S. 65). Dies vor allem, da diese Form der Umnutzung sowohl von der Denkmalpflege als auch von den Kirchen gern gesehen wird. Ein
Grund dafür ist, dass die Kirche das kulturelle Erbe bewahrt, als auch Kunst und
Kultur fördert und die Kirchen demnach auch nach der kirchlichen Nutzung für
den Zweck bereitstellen wollen. Ein weiterer Grund ist der Erhalt des typischen
Großraums eines Kirchengebäudes durch die kulturelle Nutzung (Meys & Gropp,
2010b, S. 89). Drei Beispiele sind: Die Umnutzung eines Kirchenraums in ein Museum, Archiv oder eine Bibliothek. Amtskirchen sehen diese als gute Lösungen an,
solange dort keine für die Kirche imageschädlichen Inhalte archiviert oder präsen-
tiert werden. Aus Sicht der Denkmalpflege sollte die Nachnutzung durch ein Archiv
oder einer Bibliothek von der Nutzung als Museum jedoch unterschieden werden.
Bei einer Museumsnachnutzung bleibt der Großraum einer Kirche fasst unverändert, vor allem weil dieser meist als Teil des Konzepts der Ausstellung gilt. Der

große Raum der Kirche ermöglicht das Ausstellen von größeren Ausstellungs-
stücken als auch eine flexible Gestaltung des Museums durch reversible Einbauten.
Außerdem lassen sich kleinere temporäre Räumlichkeiten in oder an die Kirche
ein- oder anbauen. Diese können beispielsweise gesonderten Präsentationen von
exklusiven oder lichtempfindlichen Objekten dienen. Im Gegensatz zur
Museumsnutzung bleibt der Großraum der Kirche bei einer Archiv- oder Biblio-
theksnutzung meist nicht unverändert. Ursache dafür ist, dass für beide Nutzungen
oft mehrere Ebenen eingebaut werden müssen, wodurch der Großraum in seiner
ursprünglichen Form verschwindet. Durch zum Beispiel selbst-tragende Konstruk-
tionen können diese zwar so angebracht werden, dass die Bausubstanz nicht an-
gegriffen wird, jedoch trifft der Besucher der Kirche nicht mehr auf das Erscheinungsbild des Kirchenraums, wie es einst mal war. Die Nutzung als Museum
als auch die Nutzung als Archiv oder Bibliothek haben aber alle gemeinsam, dass
das Gebäude zum Teil weiterhin die ursprüngliche Identität in sich trägt. Denn alle
haben die Funktion kulturelle Inhalte der Menschen zu erhalten und teils auch zu
vermitteln (Meys & Gropp, 2010a, S. 81).

Ein weiteres Beispiel für eine kulturelle Nutzung, die auch für die Denkmalpflege meist unbedenklich ist, ist die Veranstaltungsnutzung. Das auch aus dem
Grund, da das Erscheinungsbild des Großraums kaum Veränderung erfährt (Meys
& Gropp, 2010b, S. 89). Ursache ist, dass Kirchenräume beispielsweise Theatern
oder Konzertsälen in der Bautypologie ähneln, wenn es darum geht viele Menschen gleichzeitig aufnehmen zu können. Daher ist es unter gewissen Bedingungen
möglich, mit nur wenigen Maßnahmen, eine Kirche in einen Veranstaltungsraum
zu verwandeln (Manschwetus & Damm, 2022, S. 12). Wenn zum Beispiel zusätzliche Räume benötigt werden, können diese entweder in bereits vorhandenen Bereichen wie Türmen oder unter Emporen eingerichtet werden oder durch einen
neuen Anbau geschaffen werden. Außerdem ist eine große Flexibilität der Raum-
gestaltung im Zuge einer Veranstaltungsnutzung möglich. Dies zum Beispiel durch
mobile Trennelemente, die eine flexible Raumaufteilung ermöglichen oder auch
mit veränderbarer Bestuhlung. Wenn Verdunklungsmaßnahmen nötig sind oder die
Akustik des Kirchenraums verbessert werden muss, können sowohl Schalldämm-
platten, Akustiksegel als auch weitere Einrichtungen umkehrbar angebracht werden (Meys & Gropp, 2010b, S. 89).

3.1.3 Potenzial für kommerzielle Nutzung

Wie in Abschn. 3.1.1 erwähnt, besitzen Kirchengebäude einen hohen Wieder-
erkennungswert in einem Stadtbild und besitzen von außen eine architektonische

Auszeichnung, die viele andere Gebäude in dieser Form nicht haben. Diese Eigenschaften ziehen oft die Aufmerksamkeit auf sich, was für eine kommerzielle Nutzung aufgrund des werbewirksamen Potenzials sehr interessant ist. Auch der Innenraum einer Kirche besitzt ein besonderes Ambiente, das Besucher dazu verleiten kann, sich länger im Gebäude aufzuhalten. Ein gutes Beispiel dafür ist die gastronomische Nutzung, denn wie bei einem Café in einem Büchergeschäft, verleitet der Innenraum die Gäste dazu, länger zu verbleiben. Es ist jedoch zu beachten, dass bei einer gastronomischen Nutzung, wie auch bei anderen Umnutzungen, zum Beispiel technische Einbauten erforderlich sind oder gesetzliche Vorschriften Umbauten erfordern, die die denkmalgeschützte Bausubstanz beeinträchtigen können. (Meys & Gropp, 2010b, S. 113) Auf diese Herausforderungen wird im Abschn. 3.2.3 eingegangen.

Neben der gastronomischen Nachnutzung gibt es noch viele weitere kommerzielle Nutzungen. Gute Beispiele sind die Nutzung als Verkaufsstelle, Büro, Beherbergungsstätte, Hotel, Jugendherberge, oder auch als Sonderfall die Wohnnutzung (Netsch, 2018, S. 66; Manschwetus & Damm, 2022, S. 10). Aber auch Sport- oder Freizeitstätten können als Beispiel genannt werden (Manschwetus & Damm, 2022, S. 19). Die Umnutzung zu einer Verkaufsstelle erfordert oftmals das Einbauen mehrerer Ebenen in den Großraum der Kirche, um es mit wirtschaftlicher Effizienz betreiben zu können (Netsch, 2018, S. 66). Die Anpassungen können allerdings auch durch selbsttragende Bauteile, reversibel und harmlos gegenüber der Denkmalsubstanz eingebaut werden. Neben der besonderen Atmosphäre eines Kirchenraums, ist ein weiteres Verkaufsargument für einen Verkaufsraum, wenn dort kirchennahe Produkte verkauft werden. Das könnte beispielsweise der Verkauf von Pfeifenorgeln oder christlichen Büchern sein. Dies wäre dann aus Sicht der Kirche eine imagefreundliche Nachnutzung (Meys & Gropp, 2010b, S. 113). Ein Kirchengebäude könnte aber auch als Betriebsfläche beziehungsweise Lager weiterverwendet werden, was in der Geschichte von Kirchen oft vorzufinden war, jedoch hat diese Art der Verwendung in der Regel keinen Bezug zu der vorangegangenen Nutzung (Manschwetus & Damm, 2022, S. 8; Meys & Gropp, 2010b, S. 113).

Die Umnutzung zu einer Sport- oder Freizeitstätte scheint auf den ersten Gedanken ungewöhnlich, existiert jedoch in der Realität. Beispiele dafür sind Kletterhallen, Indoor-Spielplätze oder auch Fitnessstudios. Klar ist, dass diese Art der Nachnutzung keine Verbindung zu der vorherigen kirchlichen Verwendung aufweist, aber die Kirchengebäude eignen sich dafür sehr gut. Dies liegt hauptsächlich am großen Raumvolumen einer Kirche, die den Anforderungen für die genannten Nutzungen entspricht. Abhängig von der angestrebten Verwendung müssten dann noch Umbaumaßnahmen getroffen werden um beispielsweise die Beleuchtung,

Lärmdämpfung oder weitere technische und zweckgebundene Anforderungen zu erfüllen. Ein weiterer Vorteil dieser Nutzung ist, dass den Bewohnern einer Stadt neue Aktivitäten angeboten werden können, was den öffentlichen Raum aufwertet und das Wohlbefinden in der Stadt steigert (Manschwetus & Damm, 2022, S. 19).

Auch die Umnutzung zum Wohnen oder zur Büronutzung ist interessant. Denn auch dort schafft die Atmosphäre des kirchlichen Raums ein besonderes Ambiente für die Bewohner beziehungsweise Mitarbeiter. Dies aber nur, wenn die Eigenschaft der kirchlichen Raumwirkung erlebbar bleibt. Bei kleineren Kirchengebäuden gestaltet sich das einfacher als bei größeren, weil Büros oder Wohnungen meist kleine Raumeinheiten besitzen und dies mit dem großen Raumvolumen der Kirchengebäude im Konflikt steht (Meys & Gropp, 2010b, S. 125). Im Zuge der Weiternutzung als Büronutzung gibt es für das soeben genannte Problem die Lösung, den Kirchenraum zu unterteilen. Das ist durch Einziehen von Ebenen möglich oder durch die Abtrennung des Kirchen-Nebenschiffs vom Hauptschiff der Kirche. So könnte sogar eine Mischnutzung erfolgen, in dem im Nebenschiff Büros platziert sind und im Mittelschiff eine anderweitige Nutzung Verwendung findet (Netsch, 2018, S. 67). Es wäre auch mögliche, mehrere kleine reversible Einheiten in den Großraum zu setzen, ohne erheblich in die Bausubstanz eingreifen zu müssen (Meys & Gropp, 2010b, S. 125). Um das wirkungsvolle Raumgefühl bei der Umnutzung zum Wohnen erhalten zu können, gibt es ebenfalls interessante Ansätze. Wohnungen können mit Hilfe von Geschossebenen und Abtrennungen durch eingezogene Wände in die Kirche eingefügt werden und nutzen das Raumvolumen maximal aus. Durch das Erhalten der kirchlichen Gewölbe im Erschließungsbereich, kann die Höhe der Kirche eventuell sogar erhalten bleiben (Netsch, 2018, S. 67). Schlussendlich würde aber eher der Büronutzung der Vorzug gewährt werden. Unter anderem weil die eingesetzten Büroeinheiten im Gegensatz zu den massiven Geschossdecken der Wohneinheiten reversibel sind und diese die Bausubstanz weniger beeinträchtigen. Des Weiteren lassen sich Büros häufig transparent und offen gestalten, was auch zu dem Erhalt des Raumeindrucks eines Kirchenraums beiträgt (Meys & Gropp, 2010b, S. 125).

3.1.4 Potenzial für soziale Nutzung

In der Geschichte hat sich die christliche Kirche schon immer um das Wohl von Menschen in Not gesorgt. Der Dienst für Hilfsbedürftige gehört noch heute zu einer der zentralen Aufgaben der sogenannten evangelischen Diakonie und der katholischen Caritas. Aufgrund dessen liegt es nicht fern, auch die Kirchenräume für soziale Nutzungen umzuwidmen (Manschwetus & Damm, 2022, S. 17). Neben dem dadurch entstehenden Mehrwert für zum Beispiel sozial Bedürftige kann auch die Wahrnehmung der Gesellschaft für christliches Leben gestärkt werden. Dies liegt an der zentralen Lage von Kirchen, die zu häufigen spontanen Begegnungen zwischen Menschen und Sozialarbeit führen kann (Meys & Gropp, 2010a, S. 77). Beispiele für soziale Nachnutzungen sind Kindergärten, Altersheime oder Gesundheits- und Bildungseinrichtungen (Netsch, 2018, S. 82). Des Weiteren können Kirchenräume für Obdachlosen- und Flüchtlingsprojekte genutzt werden. Beispiele dafür sind *Wärmestuben* oder *Suppenküchen* für Obdachlose (Meys & Gropp, 2010a, S. 77). Zuletzt sind auch noch Nutzungen wie Kleiderstuben, Integrationszentren oder auch die *Tafel* zu nennen. Letzteres, die Tafel, ist ein sehr gutes Beispiel für eine soziale Nachnutzung eines Kirchenraums. Sie zeigt, dass auch private Institutionen- und Vereine sich neben staatlichen und kirchlichen Organisationen, in säkularisierten Kirchengebäuden, sozial engagieren (Manschwetus & Damm, 2022, S. 17). Die Kirche wird als *Tafel* zur Verteilerstelle für die Ausgabe von überproduzierten Lebensmitteln genutzt. Für diese Nutzung wird zum einen kaum eine Veränderung des Kirchenraums vorgenommen und zum anderen eignet sich die Kirche aufgrund der Raumgröße sehr gut für die Aufnahme von vielen Menschen. Es muss jedoch erwähnt werden, dass es selten vorkommt, dass eine Kirche ausschließlich für diesen Zweck genutzt wird. Typischerweise erfolgt eine Mitnutzung in einer Kirche, die weiterhin für Gottesdienste genutzt wird. (Meys & Gropp, 2010a, S. 77). Oft startet eine Umnutzung zu einer sozialen Nutzung nämlich erstmal damit, dass nur Teile des Kirchengebäudes durch soziale Zwecke vorübergehend oder dauerhaft mitgenutzt oder auch vermietet werden (Netsch, 2018, S. 65).

Eine Problematik, die bei Kommunen oft aufkommt, ist, dass die soziale Nachnutzung nicht alle Räume auslastet. Das liegt an schon vorhandenen sozialen Angeboten der einzelnen Kommunen, die schon außerhalb der Kirche vorhanden sind und somit potenzielle Besucher abgreifen. Soziale Umnutzungen erfordern zwar keine Gewinnerzielung, jedoch streben sie trotzdem eine hohe Auslastung der Räume an. Ein sehr positiver Aspekt ist, dass soziale Umnutzungen häufig keine oder zumindest wenige bauliche Veränderungen des Gebäudes benötigen. Meistens wird nur eine Anpassung des Mobiliars oder der Bestuhlung des Kirchenraums benötigt (Netsch, 2018, S. 65).

3.2 Herausforderungen

In diesem Abschnitt werden die Herausforderungen, die mit einer Kirchenumnutzung einhergehen können, beschrieben. Im Abschn. 3.2.1 werden die Bedenken der Kirche und die Akzeptanz in der Gesellschaft bezüglich Kirchenumnutzungen aufgegriffen. Im darauffolgenden Abschnitt werden die Einschränkungen durch rechtliche Vorschriften und den Denkmalschutz beschrieben. In diesem letzten Abschnitt wird das Thema des Verlustes der alten Bausubstanz und die finanziellen Herausforderungen aufgezeigt.

3.2.1   Bedenken der Kirche und Akzeptanz in der Gesellschaft

Das Thema der Umnutzung von Kirchengebäuden ist heikel, auch aufgrund der religiösen Bedenken (Immobilien Zeitung, 2010, S. 2). Wie in vorherigen Kapiteln erläutert, besitzen Kirchen auch aus politischen, gesellschaftlichen oder kulturellen Gründen einen hohen Identitätswert (Beste, 2014, S. 49). Aufgrund dieser Hintergründe ist die Akzeptanz verschiedener Parteien für die jeweiligen Nutzungskonzepte unterschiedlich. Neben den Bistümern und Landeskirchen gibt es auch die Kirchen- und Bürgergemeinden, die Denkmalpflege oder auch die Kommunalpolitik und ihre Verwaltung (Beste, 2014, S. 63). Durch diese vielen verschiedenen Interessengruppen ist es sehr wahrscheinlich, dass Interessenkonflikte aufkommen (Manschwetus & Damm, 2022, S. 5). Die vielen Interessengruppen sowie der Wunsch, eine Nachnutzung zu finden, die mit der früheren sakralen Nutzung vereinbar ist, erschweren die Suche nach einer neuen, passenden Verwendung (Beste, 2014, S. 62). Kirchen sind strikt dagegen, dass eine Nachnutzung durch andere nichtchristliche Religionen erfolgt (Meys & Gropp, 2010a, S. 9). Dr. Rainer Fisch, ein Gebietsreferent des Landesdenkmalamts Berlin, sagt jedoch aus, dass selbst nicht-sakrale Nutzungen einer Kirche als deutliche Abwertung empfunden werden (Keller, 2016, S. 25). Ein Faktor, der in Deutschland oft diskutiert wird und definieren soll, ob eine Nutzung dem Kirchengebäude *würdig* ist, ist die *Angemessenheit* einer Nutzung. Ob eine Nachnutzung angemessen oder würdig ist, wurde noch nicht verbindlich geklärt, weshalb dort auch Interpretationsspielraum existiert. Der in Abschn. 2.1.1 erwähnte CIC der katholischen Kirche besagt beispielsweise, dass eine Kirche profan genutzt werden darf, wenn sie nicht mehr für Gottesdienste verwendet wird. Diese Nutzung sollte jedoch nicht *unwürdig* sein. Auch die Deutsche Bischofskonferenz (DBK) sprach sich im Jahr 2003 konkret dafür aus, dass ein Kirchengebäude mit einer *einfühlsamen Nutzung* weitergenutzt werden kann. Interessant dazu ist, dass sie im selben Jahr aussagte, dass ein Abriss gestattet sein sollte, wenn es sich bei der Nachnutzung um eine *unwürdige* Nutzung handle (Netsch, 2018, S. 63).

Die kirchlichen Vertreter in den verschiedenen Ebenen sind die ersten, die über die Akzeptanz einer Nachnutzung entscheiden (Beste, 2014, S. 64). Damit sind die Kirchengemeinden die wichtigsten Parteien, da sie, wie in Abschn. 2.1.2 erwähnt, die Eigentümer der Kirchengebäude sind. Bereits unter den Vertretern dieser Gruppe variieren die Interessen. Wie in vorherigen Kapiteln erwähnt, stehen die Kirchengemeinden unter finanziellem Druck aufgrund der Instandhaltung der Kirchengebäude. Gleichzeitig besteht der Wunsch, die Gebäude weiterhin zum Wohle der örtlichen Gemeinschaft zu nutzen und eine unwürdige Nachnutzung zu vermeiden (Beste, 2014, S. 51). Beispielsweise sieht die Kirche kommerzielle Nachnutzungen kritisch an, vor allem weil das Gebäude dann als eine Art Markenzeichen im Zuge eines kommerziellen Zwecks verwendet wird. Dies steht dem eigentlichen früheren Zweck des Kirchengebäudes entgegen. Vor allem steht die Kirche dieser neuen Verwendung skeptisch gegenüber, wenn nicht nur mit dem Gebäude geworben wird, sondern auch mit einer christlich geprägten Sprache (Meys & Gropp, 2010b, S. 113). Es gibt aber auch Nutzungen, die die Kirche befürwortet. Ein gutes Beispiel ist soziales Wohnen als Neuverwendung des Kirchenraums, jedoch ist diese Nutzung aus Sicht des Denkmalschutzes unpassend (Beste, 2014, S. 63).

Bezüglich der Akzeptanz in der Gesellschaft gibt es auch verschiedene relevante Ansichten. Bei größeren Baumaßnahmen, auch bei der Umnutzung von Kirchen, kommt es häufig zu Unannehmlichkeiten wie Baulärm oder Straßensperrungen. Diese Störungen verärgern die Anwohner oft, sodass sie gegen das Vorhaben protestieren. Die Umnutzungsarbeiten könnten auch viele Menschen dazu animieren, den Umbau zu beobachten, was zu zusätzlichen Ruhestörungen und auch Parkplatzproblemen führen könnte. In der Vergangenheit gab es aber auch massive Proteste gegen Umnutzungsprojekte, da Mitglieder der Kirchengemeinden aufgrund des hohen Identifikationswerts von Kirchengebäuden den Verlust ihrer Kirche aufhalten wollten (Manschwetus & Damm, 2022, S. 4). Eine ähnliche interessante Entwicklung gab es damals auch in der DDR. Zu der Zeit war klar, dass nicht alle Kirchen erhalten werden konnten, weshalb drei Kategorien für den Umgang mit den Gebäuden entwickelt wurden. Kirchen in der ersten Kategorie sollten unbedingt erhalten werden. Kirchen in der zweiten sollten erhalten werden, wenn für diese genügend Ressourcen aufzufinden waren. In die letzte Kategorie wurden Kirchen platziert, die man wegen eines Mangels an Mitteln aufgeben wollte. Als jedoch für manche Orte bekannt wurde, dass ihre Kirche in die dritte Kategorie gefallen war, wurde dagegen stark protestiert. Interessant ist, dass genau diese Kirchen dann häufig die ersten waren, die direkt nach 1990 zuerst wieder hergerichtet wurden (Begrich, 2007, S. 286).

Heutzutage werden verschiedene Arten der Kirchenumnutzung von der Gesellschaft unterschiedlich akzeptiert. Dies zeigt eine Bevölkerungsbefragung aus dem Baukulturbericht 2018/2019 der Bundesstiftung Baukultur (Baukultur Bundesstiftung, 2018, S. 88). Abb. 3.1 zeigt die Akzeptanz der Bevölkerung für mögliche Nutzungsmöglichkeiten, in Prozent (Eigene Darstellung).

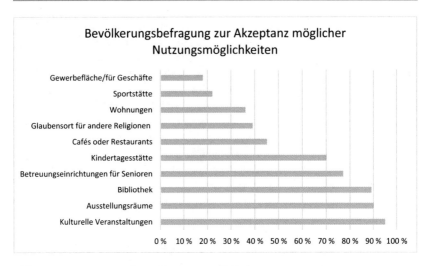

Abb. 3.1 Akzeptanz möglicher Nutzungsmöglichkeiten

95 % der Befragten finden kulturelle Veranstaltungen, wie Konzerte oder Le-
sungen, für eine neue Nutzung eines ehemaligen Kirchengebäudes angemessen.
Die Nutzung als Ausstellungsraum wird fünf Prozent weniger akzeptiert und die
Verwendung als Bibliothek sechs Prozent weniger. Die kommerziellen Nutzungen
schneiden bei der prozentualen Messung der Akzeptanz in der Bevölkerung deutlich schlechter ab. So wird die Nutzung als Gewerbefläche nur von 18 % der Befragten akzeptiert. Auch die Sportflächennutzung wird lediglich zu 22 % befürwortet. Soziale Nutzungen werden eher akzeptiert. Beispielsweise wird die Nutzung als Betreuungseinrichtung für Senioren von 77 % der Befragten angenommen.
(Baukultur Bundesstiftung, 2018, S. 171) Ein weiterer Punkt ist, dass eine kommerzielle Nachnutzung eines Kirchengebäudes von aktiven Christen und kirchen-
fernen Besuchern unterschiedlich wahrgenommen werden. Das Bild von Ver-
käufern im *Haus Gottes* führt bei Christen zu Unbehagen (Meys & Gropp, 2010b,
S. 113). Schon aus der Bibel geht die Einstellung hervor, dass Geldgeschäfte in
einer Kirche verpönt sind (Immobilien Zeitung, 2010, S. 2). Es wird außerdem erwartet, dass ein Kirchengebäude betreten werden kann, ohne dass ein Konsum-
zwang auftritt (Keller, 2016, S. 25). Demgegenüber sehen kirchenferne Besucher
kommerziell genutzte Kirchen oft positiv. Eine solche Umnutzung könnte die Kirche aus ihrer Sicht wieder zu einem öffentlich präsenten Bestandteil des Stadt-
raums machen und sie als originellen Standort für Konsum- und Freizeitaktivitäten
attraktiv erscheinen lassen (Meys & Gropp, 2010b, S. 113).

Ein weiterer allgemeinerer Aspekt ist, dass Kirchenräume ursprünglich für die Öffentlichkeit zugänglich waren, was ein Spannungsverhältnis zu Nachnutzungen schafft, die diesen öffentlichen Zugang einschränken könnten. Deshalb wären für diesen Aspekt beispielsweise soziale oder kulturelle Nachnutzungen vorzuziehen, da diese den öffentlichen Charakter des Kirchenraums eher bewahren kann als eine kommerzielle Verwendung (Keller, 2016, S. 25). Dazu ist auch noch zu erwähnen, dass soziale oder dem Gemeinwohl ausgerichtete Nutzungen als für die Gesellschaft geeignet angesehen werden. Sie werden außerdem von der Bevölkerung unterstützt, da sie neben dem gemeinnützigen Zweck auch weiterhin für die Öffentlichkeit zugänglich bleiben (Netsch, 2018, S. 65).

3.2.2 Einschränkung durch rechtliche Vorschriften und den Denkmalschutz

Möglichkeiten der Veränderung in der Bausubstanz schließen sich zunehmend aus, je nachdem wie hoch die städtebauliche und architektonische Qualität eines Kirchengebäudes ist (Beste, 2014, S. 47). Aufgrund der aktuellen Bedeutung der Umnutzungsthematik und der Vielzahl an denkmalgeschützten Kirchen wird wahrscheinlich keine Umnutzung ohne Diskussion darüber auskommen, welche Nutzungen mit dem denkmalgeschützten Gebäude vereinbar sind (Netsch, 2018, S. 51). Bei dieser Umnutzungsthematik spielen auch rechtliche Aspekte eine Rolle. Neben dem Denkmalschutz gibt es beispielsweise auch noch bau- und planungsrechtliche Einschränkungen, aber auch kirchenrechtliche Regelungen (Beste, 2014, S. 70; Sekretariat der Deutschen Bischofskonferenz, 2019, S. 3). Das Kirchenrecht sieht im Allgemeinen vor, dass die kirchlichen Autoritäten unter anderem Kirchengebäude im Sinne eines Kulturerbes bewahren. Somit stellt es im Falle eines Verkaufs des Gebäudes sicher, dass durch kirchliche Maßnahmen den zukünftigen Genehmigungen Grenzen gesetzt sind (Sekretariat der Deutschen Bischofskonferenz, 2019, S. 3). Grundsätzlich sind die Umnutzungsmöglichkeiten nach dem Verkauf einer profanierten Kirche weitgehend frei (Meys & Gropp, 2010a, S. 9). Wie aber soeben erwähnt, wollen und sollen Kirchengemeinden eine Nutzung schon vor dem Verkauf vermeiden, die dem Image der Kirche schaden könnte (Meys & Gropp, 2010b, S. 89). Daher gibt es meist vertragliche Klauseln in den Veräußerungsverträgen. Diese könnten beispielsweise Regelungen über den zukünftigen baulichen Umgang sein, Nutzungseinschränkungen, Rückfallklauseln oder auch Vorkaufsrechte (Meys & Gropp, 2010b, S. 159; Sekretariat der Deutschen Bischofskonferenz, 2019, S. 13; Beste, 2014, S. 59). Oft erwartet die Kirche auch, dass Objekte, wie Altäre oder Taufbecken, entfernt oder sogar vernichtet werden sollen (Beste, 2014, S. 48).

Betrachtet man eine Umnutzung aus planungs- und baurechtlicher Hinsicht, sind auch einige Punkte zu beachten. Zum einen muss ein gültiger Bebauungsplan im Falle einer Umnutzung abgeändert werden, wenn dieser das Kirchengelände als Fläche für den Gemeinbedarf gewidmet hat. Dies stellt bereits eine erste Herausforderung dar, da dieser Prozess sowohl politische Planungs- und Abstimmungsmaßnahmen als auch verwaltungstechnisches Handeln erfordert, was den Zeitrahmen für eine Umnutzungsplanung erheblich beeinflussen kann (Beste, 2014, S. 49). Ein weiterer sehr relevanter Aspekt ist, dass die Kirchengebäude durch die sakrale Nutzung eine Sonderstellung im Bau- und Planungsrecht besitzen (Meys & Gropp, 2010a, S. 20). Mit einer Entwidmung oder Profanierung fällt diese Sonderstellung jedoch weg, wodurch sich die Gesetzeslage für diese Gebäude ändert (Manschwetus & Damm, 2022, S. 4). Dann treffen auf das Gebäude auf einmal neue rechtliche Bestimmungen zu (Beste, 2014, S. 49). Beispielsweise Bestimmungen für Versammlungsstätten, Stellplätze oder auch solche zum Thema Brandschutz. Das bringt neue Herausforderungen mit sich. Zum Beispiel ist die Breite von Fluchtwegen bei Türen oder Toiletten aufgrund des Denkmalschutzes oft problematisch. In dicht umbauten Gebieten kommen noch weitere Probleme auf. Beispielsweise ist der Nachweis von genügend Stellplätzen oft ein Problem, wenn die Nachnutzung eine Veranstaltungsnutzung sein soll. Des Weiteren könnten Schwierigkeiten mit einzuhaltenden Abstandsflächen aufkommen, wenn das Umnutzungsprojekt bauliche Ergänzungen vorsieht. Durch letzteren Aspekt wird dann relevant, ob sich das Kirchengrundstück in einem dicht umbauten Gebiet befindet, und ob dieses auch groß genug ist (Beste, 2014, S. 49). Solche und weitere Bestimmungen machen möglicherweise größere Eingriffe in die Bausubstanz der Kirche erforderlich (Meys & Gropp, 2010b, S. 89). Sie könnten aber auch die Suche nach einer passenden Nutzung erheblich erschweren oder ein Projekt sogar strukturell als auch finanziell undenkbar machen (Beste, 2014, S. 49; Meys & Gropp, 2010a, S. 20).

Auch die Denkmalschutzauflagen schränken die Nutzungsmöglichkeiten ein (Manschwetus & Damm, 2022, S. 4). Die Akzeptanz einer Umnutzung hängt aus Sicht der Denkmalpflege davon ab, welche Veränderungen am Gebäude vorgenommen werden (Beste, 2014, S. 64). Demnach ist die kirchliche Nutzung aus ihrer Sicht die beste Nachnutzung, da das Gebäude dafür keine Veränderung erfahren muss (Keller, 2016, S. 21). Des Weiteren betrachtet die Denkmalpflege eine Umnutzung als bedrohlich, da sie mit erheblichen Eingriffen verbunden ist. (Keller, 2016, S. 22). Wenn jedoch Veränderungen geplant sind, erfordern diese, wie alle baulichen Maßnahmen und Eingriffe an einem Denkmal, eine denkmalrechtliche Genehmigung, so zum Beispiel das Denkmalschutzgesetz von NRW. Dies trifft somit auch auf denkmalgeschützte Kirchengebäude zu. Eine Genehmigung ist für alle Maßnahmen erforderlich, die den Charakter, die wesentliche Substanz oder die Gestalt des Denkmals beeinflussen. Auch Eingriffe in die Statik, Konstruktion oder

Gebäudestruktur sowie energetische Ertüchtigungen benötigen eine Erlaubnis. Vor allem ist eine Erlaubnis auch bei Teil- oder Komplettabbrüchen eines Denkmals nötig. Des Weiteren benötigen Maßnahmen eine Genehmigung, wenn sie unmittelbar neben dem Gebäude geplant sind und die Wirkung des Denkmals beeinträchtigen könnten. Schließlich ist zu erwähnen, dass auch Eingriffe innerhalb des Gebäudes genehmigt werden müssen (Kleefisch-Jobst et al., 2022, S. 16).

Grundsätzlich lässt sich erkennen, dass das Hauptziel der Denkmalpflege der Erhalt der historischen Bausubstanz mit seiner Ausstattung ist und sicherzustellen, dass die geplanten Veränderungen angemessen sind (Raabe, 2015, S. 23). Wie aus vorherigen Kapiteln klar geworden ist, beinhaltet eine Nachnutzung fast immer Maßnahmen, die Veränderungen am Gebäude bewirken, so zum Beispiel auch Dämmmaßnahmen (Raabe, 2015, S. 24). Oft erfordern solche Maßnahmen Eingriffe in die Fassaden, welche einen wichtigen Bestandteil der denkmalgeschützten Eigenschaften darstellen. Das Dilemma und die Herausforderung bestehen darin, dass die Denkmalpflege das historische Erscheinungsbild der Fassaden schützen möchte. Gleichzeitig muss jedoch eine angemessene Nutzung gefunden werden, die den Erhalt des Denkmals, in diesem Fall der Kirche, langfristig sichert (Raabe, 2015, S. 24). An diesem konkreten Beispiel sieht man, dass sich die Denkmalpflege oft mit den eigenen Auflagen schwertut und dadurch manche mögliche Nachnutzungen verhindert (Bienert et al., 2022, S. 115). Eine weitere Herausforderung ist die Inventarisation von Kirchen. Aus Sicht der Denkmalpflege ist diese eine notwendige Pflicht gemäß dem Denkmalschutzgesetz. Kirchliche Bauverwaltungen hingegen sehen darin eine zusätzliche Erschwernis in der ohnehin schon schwierigen Situation der Kirche mit ihren vielen Umnutzungsprojekten. Bei geschützten Gebäuden bringen die denkmalschutzrechtlichen Auflagen zusätzliche Einschränkungen mit sich, die zu Mehrkosten bei Umbauten führen oder bestimmte Projektideen sogar ganz verhindern können (Beste, 2014, S. 55). Schließlich ist noch zu erwähnen, dass der Kauf und die Sanierung von Gebäuden unter Denkmalschutz für viele Investoren als Planungsrisiko angesehen werden. Die administrativen Abläufe im Baugenehmigungsverfahren sind für sie oft undurchsichtig. Demnach gibt es Unsicherheiten im Umgang mit Denkmalbehörden, da die Zuständigkeiten zwischen Genehmigungs- und Bescheinigungsbehörden in den einzelnen Bundesländern verschieden aufgestellt sind (gif, 2007, S. 17).

3.2.3 Verlust der alten Bausubstanz und finanzielle Herausforderungen

Ein zentrales Problem bei der Umnutzung ist, dass die Gebäudestruktur zur neuen Nutzung passen muss. Daher stellt sich bei jedem Projekt die Frage, ob das Gebäude an die neue Nutzung angepasst werden muss oder ob die neue Nutzung in die bestehende bauliche Struktur der Kirche integriert werden kann (Netsch, 2018, S. 44). Ohne Umbaumaßnahmen an der Kirche kommen aber nur wenige neue Verwendungsmöglichkeiten in Frage (Manschwetus & Damm, 2022, S. 4). Schon bei der kulturellen Nutzung kommt es zu notwendigen bautechnischen und baulichen Eingriffen (Netsch, 2018, S. 66). Bei einer Umnutzung zum Veranstaltungsraum müssen unter anderem Toiletten, Garderoben, Teeküchen, Empfangsbereiche und weitere Einrichtungen in die Kirche integriert werden (Manschwetus & Damm, 2022, S. 12) (Netsch, 2018, S. 66). Des Weiteren könnte es notwendig werden, Heizungssysteme einzubauen und Maßnahmen für die Akustik des Kirchenraums durchzuführen (Netsch, 2018, S. 66). Auch die Nachnutzung als Museum, Archiv oder Bibliothek erfordert Anpassungen an der vorhandenen Gebäudestruktur. Zum einen müssen technische Anlagen wie eine Klimaanlage eingebaut werden, was ein deutlicher Eingriff in die Bausubstanz bedeuten kann. Zum anderen erfordert die neue Nutzung auch Eingriffe aufgrund des Brandschutzes. Es müssen Fluchtwege geschaffen werden und Tür- und Fensteröffnungen der Kirche verändert werden. Letzteres führt zu einem Verlust der historischen Verglasung und der Türblätter (Netsch, 2018, S. 66; Meys & Gropp, 2010a, S. 81).

Auch bei einer kommerziellen Nutzung können erhebliche Eingriffe durch die Umnutzung erforderlich sein. Sowohl bei der Nachnutzung als Verkaufsraum oder auch als Gastronomie führen Brand- und Immissionsschutzauflagen zu Veränderungen am Gebäude. Folglich geht auch hierbei historische Bausubstanz verloren, wie bei der kulturellen Nutzung. Des Weiteren müssen technische Anlagen eingebaut werden, wie zum Beispiel Lüftungsanlagen (Meys & Gropp, 2010b, S. 113). Schaut man sich die Nachnutzung Büro und Wohnen an, ist auch dort ein großer baulicher Eingriff in die Gebäudestruktur notwendig (Netsch, 2018, S. 67). Neben den zu erfüllenden Auflagen ist dort auch noch die Beleuchtungsfrage ein Aspekt. Die Fensteröffnungen einer Kirche genügen nämlich meist nicht für die natürliche Beleuchtung des Kirchenraums. Dadurch sind Anpassungen der Fenster notwendig, wodurch es zu Verlusten von Denkmalsubstanz, wie buntverglasten Fenstern kommen kann (Meys & Gropp, 2010b, S. 125). Explizit beim Wohnen kann es noch zu weiteren Verlusten an der Bausubstanz kommen. Durch das Einbauen von Ebenen im Gebäude wird auch in das Dach und die Fassade eingegriffen, um die Wohnungen zu belichten, aber auch um diese zu belüften. Außerdem wird die frühere kirchliche Ausstattung, wie zum Beispiel Altar oder Taufbecken, manchmal im Zuge der Umnutzung entfernt (Netsch, 2018, S. 68). Letzteres ist ein unwiederbringlicher Verlust der Kirchenausstattung (Beste, 2014, S. 48). Bei der sozialen Nutzung wird meist noch die Integration von technischen Räumen benötigt. Oft fehlen aber auch, wie bei manchen anderen Nachnutzungen, (Tee-)küchen oder Sanitärräume. Außerdem muss eine Heizlösung gefunden werden. Wenn letzteres nicht erfüllt ist, sind soziale Nutzungen nur eingeschränkt möglich. Um dies auszuweiten, müssten auch dort Investitionen getätigt werden (Netsch, 2018, S. 65).

Die Investitionen in die Umnutzung einer Kirche sind hoch. Die Umbaukosten eines Kirchengebäudes können sogar die Kosten für einen Neubau mit derselben geplanten Nutzung übersteigen. Dies hängt von der Art der Nachnutzung, der Qualität und dem Zustand der Bausubstanz ab (Viergutz et al., o. J., Abs. 3). Die Höhe der Baukosten wird stark von der geplanten zukünftigen Verwendung des Gebäudes beeinflusst, aber auch von dessen Alter, Zustand und einem eventuellen Investitionsstau. In vielen Fällen sind daher auch Instandsetzungsmaßnahmen im Zuge der Umnutzung erforderlich (Kleefisch-Jobst et al., 2022, S. 19). Nicht zu vergessen sind auch kostenintensive Bauteile in Kirchengebäuden. Das könnten künstlerische Bauteile sein wie Verglasungen oder Kirchtürme oder auch spezielle Dachformen (Beste, 2014, S. 66). Kirchennahe Nachnutzungen verursachen häufig geringere Umbaukosten als kirchenferne Nutzungen, da weniger bauliche Maßnahmen erforderlich sind (Viergutz et al., o. J., Abs. 2). Diese Nachnutzungen, also soziale und kulturelle Verwendungen der Kirche, können aber meist nicht den Unterhalt der Gebäude finanzieren (Immobilien Zeitung, 2011, S. 1). In der Praxis ist es außerdem schwer, die zukünftigen Baukosten im Vorlauf zu ermitteln (Viergutz et al., o. J., Abs. 1).

Schwer ist es auch, den Verkehrswert für eine Kirche zu ermitteln. Häufig wurde der Wert der Gebäude von den Bistümern und Landeskirchen nur mit dem (Erinnerungs-)wert beziehungsweise ideellen Wert angesetzt, welcher schwer zu vergleichen ist (Kleefisch-Jobst et al., 2022, S. 18). Sakralbauten – in dem Fall Kirchen – haben, wie in Abschn. 2.1.2 erwähnt, fast keine Drittverwendungsfähigkeit und haben auch keinen (Transaktions-)Markt. Aufgrund dieser und weiteren Besonderheiten können die geläufigen Bewertungsverfahren der Immobilienwertermittlung nur eingeschränkte Anwendung bei Kirchengebäuden finden. Grundsätzlich geht aus der geplanten Nutzung und der Verfügbarkeit von vergleichbaren Marktdaten hervor, welche Bewertungsmethode auf die jeweilige Kirche anzuwenden ist. Im Zuge dieser Bachelorarbeit wird von einer ‚Marktwertermittlung auf Grundlage einer alternativen Nutzung' (Cajias & Käsbauer, 2016, S. 883) ausgegangen. Für die Bewertung der Kirche könnten die drei Methoden der Wertermittlungsverordnung (WertV), also Vergleichs-, Ertrags- und Sachwertmethode in Erwägung gezogen werden und gegebenenfalls dafür modifiziert werden. Aber auch die Residualwertmethode wäre eine Alternative (gif, 2007, S. 21). Die Vergleichswertmethode (Market Approach) ist für denkmalgeschützte Kirchen meistens nicht brauchbar, da diese Gebäude oft verschieden sind, keine ähnlichen Vergleichsobjekte in der unmittelbaren Nähe existieren und es wenige Transaktionen dieser Immobilien gibt (Cajias & Käsbauer, 2016, S. 884; gif, 2007, S. 23; Bienert & Wagner, 2018, S. 85). Die Sachwertmethode (Cost Method) findet bei Kirchengebäuden eher Anwendung, aber nur wenn mit der Immobilie keine angemessene Rendite angestrebt wird (Bienert & Wagner, 2018, S. 17; Cajias & Käsbauer, 2016, S. 884). Ein wesentliches Problem bei diesem Verfahren ist, dass für Denkmäler keine typischen Kosten oder Marktanpassungsfaktoren vorliegen. Man kann also beispielsweise schlecht herausfinden, wie hoch die historischen Herstellungskosten sind. Bei solchen Bauwerken wurden zudem meist bauliche Methoden angewandt, die heute nicht mehr angewendet werden. Dies erschwert die Bewertung zum Beispiel bei einer Kirche aus der Barockzeit (gif, 2007, S. 24). Die Ertragswertmethode (Investment Method) ist dann relevant, wenn eine Ertragserzielung mit der Nachnutzung vorgesehen ist (Bienert & Wagner, 2018, S. 85; Cajias & Käsbauer, 2016, S. 884). Hierbei stößt man auf einige Herausforderungen im Zusammenhang mit Denkmälern. So sind die tatsächlichen Erträge entscheidend, da für Denkmäler kaum ortsübliche Erträge existieren. Diese werden den spezifischen Bewirtschaftungskosten gegenübergestellt. Hierbei ist die Verwaltung und Instandhaltung dann oft aufwendiger als bei anderen Gebäuden, und das Mietausfallrisiko ist höher. Die wirtschaftliche Nutzungsdauer eines Baudenkmals richtet sich nach seiner Verwertbarkeit, und die Nutzungsdauer ist von der Qualität des Ausbaus abhängig. Somit ist das Denkmal zwar mit einem nicht denkmalgeschützten Objekt bezüglich der wirtschaftlichen Nutzungsdauer vergleichbar. Die Bestimmung des Liegenschaftszinssatzes auf Basis der denkmalspezifischen Nutzung ist aber weiterhin anspruchsvoll und erfordert Kaufpreisdaten für vergleichbare Denkmalobjekte. Dafür müsste es aber erst Kaufpreise für vergleichbare Objekte geben (gif, 2007, S. 25). Als letztes ist noch die Residualwertmethode (Development Method) zu erwägen (gif, 2007, S. 26; Bienert & Wagner, 2018, S. 85). Diese ist unter anderem für die Bewertung von sanierungsbedürftigen, denkmalgeschützten Gebäuden anwendbar, welche eine Nachnutzung vorsehen, wie Wohnen oder Büro. Hierbei wird der Verkehrswert oder auch Ertragswert des zukünftig hergerichteten Gebäudes mit der neuen Nutzung ermittelt. Dabei werden alle denkmalpflegerisch zu beachtenden Vorgaben berücksichtigt. Die Kosten, die für die Sanierung des Denkmals entstehen, werden von diesem Wert abgezogen. Was dann übrig bleibt, ist das Residuum des Baudenkmals im vorherigen Zustand. Hierbei ist jedoch zu beachten, dass das Ergebnis keinen Verkehrswert repräsentiert, sondern lediglich den Preis, den ein interessierter Investor für das Baudenkmal bereit wäre zu zahlen (gif, 2007, S. 26).

3.3 Forschungsdefizite

Wie aus dem beschriebenen Forschungsstand hervorgeht, gibt es Literaturquellen, die einige Chancen und Herausforderungen im Zuge einer Kirchenumnutzung aufzeigen. Es konnte jedoch keine Studie identifiziert werden, die für alle, in diesem Buch erwähnten, verschiedenen Herausforderungen Lösungsansätze liefert. Vielmehr gibt es einige Studien, die Fallbeispiele aufzeigen, aus denen aber schwer Lösungsansätze für die Allgemeinheit abgeleitet werden können. Ein Beispiel dafür sind Veröffentlichungen des Vereins Baukultur Nordrhein-Westfahlen. In den Publikationen „Kirchen im Wandel, Teil 1" und „Kirchen im Wandel, Teil 2" werden verschiedenste Beispiele von erfolgten Kirchenumnutzungen aufgegriffen (Meys & Gropp, 2010a; Meys & Gropp, 2010b). Aus jedem dieser Beispiele gehen zwar die Geschichten der Kirchen und deren Umnutzungen hervor, als auch zum Beispiel Adressen und Kontaktdaten, jedoch können daraus keine konkreten Lösungsansätze herausgelesen werden. Auch in der Publikation „Strategie und Praxis der Umnutzung von Kirchengebäuden in den Niederlanden" von Stefan Netsch werden einige Beispiele von Umnutzungen aufgegriffen (Netsch, 2018). Auch dort ist es jedoch schwierig, allgemein anwendbare Lösungsansätze herauszufiltern. In der Veröffentlichung „Kirchen geben Raum – Empfehlungen zur Nachnutzung von Kirchengebäuden" von Jörg Beste werden auch Beispiele aufgezeigt, jedoch nur aus NRW (Beste, 2014). In der Veröffentlichung werden vor allem die Herausforderungen und Chancen der Kirchenumnutzung geschildert (Beste, 2014). Häufig wird empfohlen, Interessengruppen, Experten, Berater oder Moderatoren in die Projekte der Umnutzung mit einzubeziehen (Beste, 2014, S. 49 ff.). Auch werden dort Verfahrenshinweise zur Neuorientierung für Kirchengebäude in drei Phasen aufgezeigt (Beste, 2014, S. 69 ff.). Die Punkte, die dort aufgeführt werden, sind für diese Arbeit nicht ausreichend, unter anderem, weil die Verfahrenshinweise nicht in der Tiefe erläutert werden.

Die in Abschn. 3.1 beschriebenen Chancen einer Kirchenumnutzung konnten zum großen Teil schon aus verschiedenen Literaturquellen entnommen werden. Darüber hinaus wäre aber interessant zu wissen, ob noch weitere Informationen bezüglich der Chancen bestehen. Außerdem wäre noch wissenswert, welche Umnutzungen sich leichter gestalten als andere. Letzteres geht nicht explizit aus der Literatur hervor. Die in Abschn. 3.2 ausgeführten Herausforderungen sind gut beschrieben worden. Auch dort gibt es aber Punkte, die noch weiteren Informationsbedarf auslösen. Beispielsweise, ob eine Umnutzung kostengünstiger ist als ein Abriss, beziehungsweise welche Faktoren dies entscheiden. Außerdem wäre auch wissenswert, ob es Unterschiede gibt bei den Bedenken zwischen der Kirchengemeinde, bei der die Umnutzung stattfindet und der allgemeinen Bevölkerung. Genau wie bei Abschn. 3.1 ist auch bei den Herausforderungen interessant, ob noch weitere im Zuge einer Umnutzung auftreten können.

Die vorliegende Forschung zielt darauf ab, einen Beitrag zur Schließung der genannten Forschungslücken durch den Einsatz von Experteninterviews zu leisten und auch weitere Erkenntnisse in den bereits erforschten Gebieten zu erlangen. Aus den identifizierten Forschungslücken und den zu Beginn des Buches formulierten Forschungszielen, ergeben sich die in der Einleitung genannte Forschungsfrage und Subforschungsfragen.

Methodik 4

Dieses Kapitel beschreibt detailliert den empirischen Ansatz dieser Forschung zur Klärung der aufgestellten Forschungsfragen. Zunächst wird die Forschungsmethodik beleuchtet, gefolgt von einer ausführlichen Darstellung der Datenerhebung und -auswertung.

4.1 Forschungsmethodik

Grundsätzlich bietet die empirische Sozialforschung zwei verschiedene Ansätze zur Datenerhebung: quantitative und qualitative Methoden. Je nach Art und methodischem Status der gesammelten Daten kann der Sachverhalt auf verschiedene Weise analysiert werden (Strübing, 2018, S. 4).

Bortz & Döring beschreiben die quantitative Forschung als eine Quantifizierung der Beobachtungsrealität (Bortz & Döring, 2006, S. 296). Hierbei werden Sachverhalte und ihre Eigenschaften gezählt und gemessen, wobei hauptsächlich statistische oder mathematische Verfahren zur Auswertung genutzt werden (Strübing, 2018, S. 4). Zur Erhebung der statistisch auswertbaren Daten ist jedoch ein hohes Maß an Standardisierung notwendig. Dies beinhaltet das Formulieren von Forschungshypothesen sowie die Definition von Begriffen, Variablen und Indikatoren (Bortz & Döring, 2006, S. 296).

Im Gegensatz dazu wird in der qualitativen Forschung die Beobachtungsrealität nicht in Zahlen abgebildet, sondern interpretiert. Es geht darum, die Realität, wie sie von den Menschen erlebt wird, durch das Auswerten von gesprochenen Aussagen zu beschreiben (Bortz & Döring, 2006, S. 296 f.). Die Daten müssen inter-

C. von Rheinbaben, T. Glatte, *Umnutzung von Sakralbauten*, Studien zum nachhaltigen Bauen und Wirtschaften, https://doi.org/10.1007/978-3-658-47023-4_4

pretiert und verstanden werden. Ein Beispiel ist das Experteninterview, dessen wörtliche Abschrift (Transkript) später in die Analyse einfließt und qualitative Daten liefert (Strübing, 2018, S. 4). Qualitative Forschungsmethoden ermöglichen es, neben der Erfassung der Einschätzungen, auch die zugehörigen Erklärungen zu begreifen. Daher sind die aus qualitativen Methoden gewonnenen Daten häufig umfassender und detaillierter als die Ergebnisse quantitativer Messungen (Bortz & Döring, 2006, S. 296 f.).

Qualitative Forschungsmethoden bieten außerdem oft eine detailliertere und konkretere Sicht auf den untersuchten Sachverhalt. Sie sind flexibler und offener im Ansatz im Vergleich zur quantitativen Forschung, die stark auf standardisierte Konzepte und große Datenmengen setzt. Qualitative Methoden ermöglichen es, neue und unbekannte Aspekte eines bekannten Themas zu entdecken. Im Gegensatz dazu verlangt die quantitative Forschung eine präzise Definition des zu untersuchenden Gegenstands (Flick et al., 2007, S. 17). Kuckartz betont, dass qualitative Methoden auch dazu beitragen, Wissenslücken zu schließen und neues Wissen zu gewinnen (Kuckartz et al., 2008, S. 11 ff.). Demnach ist die qualitative Forschung, aufgrund der in Abschn. 3.3 genannten Forschungsdefizite ein passendes Mittel, um an neue Erkenntnisse zu gelangen.

Flick, Kardorff und Steinke identifizieren drei unterschiedliche Forschungsziele in der qualitativen Forschung, die jeweils auf spezifischen theoretischen Grundannahmen, methodischen Ansätzen und Auffassungen des Untersuchungsgegenstandes basieren. Die nachfolgende Abb. 4.1 stellt diese Forschungsperspektiven dar, einschließlich der zugrunde liegenden Theorien, Methoden zur Datenerhebung und -interpretation sowie ihrer Anwendungsfelder (Eigene Darstellung in Anlehnung an Flick et al., 2007, S. 17 ff.).

Aus der Tabelle lässt sich ableiten, welche Forschungsperspektive für diese Forschung geeignet ist. Da die Forschungsfragen die persönlichen und subjektiven Ansichten von Experten betreffen, ist die erste Perspektive passend. Laut Flick besteht das Ziel der Forschung darin, Zugang zu den individuellen Sichtweisen der Befragten zu erhalten. Hierfür eignen sich Methoden wie Leitfaden-Interviews oder narrative Interviews für die Felduntersuchung. Zur Analyse der gewonnenen Daten können Verfahren wie die Codierung und Inhaltsanalyse verwendet werden (Flick et al., 2007, S. 19). Im theoretischen Teil dieser Bearbeitung wurden die Möglichkeiten und Herausforderungen bei der Umnutzung von Kirchen untersucht. Dieses Wissen diente als Grundlage für die Entwicklung der Forschungsfragen. Die Beantwortung dieser Fragen erfolgt anschließend im Rahmen einer qualitativen Untersuchung.

Forschungsperspektive		
Zugänge zu subjektiven Sichtweisen	**Beschreibung von Prozessen der Herstellung sozialer Situationen**	**Hermeneutische Analyse tiefer liegender Strukturen**
Theoretische Positionen Symbolischer Interaktionismus Phänomenologie	Ethnomethodologie Konstruktivismus	Psychoanalyse genetischer Strukturalismus
Methoden der Datenerhebung Leitfaden-Interviews Narrative Interviews	Gruppendiskussion Ethnographie Teilnehmende Beobachtung Aufzeichnung von Interaktionen Sammlung von Dokumenten	Aufzeichnung von Interaktionen Fotografie Filme
Methoden der Interpretation Theoretisches Codieren Qualtiative Inhaltsanalyse Narrative Analysen Hermeneutische Verfahren	Konversationsanalyse Diskursanalyse Gattungsanalyse Dokumentenanalyse	Objektive Hermeneutik Tiefenhermeneutik Hermeneutische Wissenssoziologie
Anwendungsfelder Biographieforschung Analyse von Alltagswissen	Analyse von Lebenswelten und Organisationen Evaluationsforschung Cultural Studies	Familienforschung Biographieforschung Generationsforschung Genderforschung

Abb. 4.1 Forschungsperspektiven in der qualitativen Forschung

4.2 Datenerhebung

Im Zuge dieser Publikation wurde für die Datenerhebung auf Experteninterviews zurückgegriffen. Laut Helfferich wird das qualitative Interview als eine komplexe Kommunikationssituation beschrieben, in der wesentliche Daten unter Einbeziehung der subjektiven Sichtweisen der Teilnehmer entstehen (Krell & Lamnek, 2016, S. 313 f.). In der qualitativen Sozialforschung ist das Interview definiert als ein methodisch geplantes Verfahren mit wissenschaftlichem Ziel, bei dem durch gezielte Fragen oder vorgegebene Stimuli verbale Informationen von den Befragten erfasst werden sollen (Krell & Lamnek, 2016, S. 314).

Ein Interview kann unterschiedliche Formen annehmen, weshalb im Folgenden unter anderem beschrieben wird, um was für eine Interviewform es sich in dieser Forschung handelt (Krell & Lamnek, 2016, S. 314). Im Zuge dieser Forschung ist das Interview ein ermittelndes, konkret ein informatorisches Interview, was bedeutet, dass der Forscher die Intention hat, interessante Informationen für die Forschung durch die Befragung der Experten zu gewinnen (Krell & Lamnek, 2016, S. 315). Des Weiteren handelt es sich um ein teilstrukturiertes Interview – durch das Instrument des Interview-Leitfadens (Döring, 2023, S. 355). Dadurch sind die Fragen zwar vorgegeben, die Antworten können jedoch offen beantwortet werden (Döring, 2023, S. 328). Bezüglich der Struktur der Befragten handelt es sich um mehrere Einzelbefragungen, was bei qualitativen Interviews in der Regel so vorkommt (Krell & Lamnek, 2016, S. 324). Die Befragungen wurden mündlich durchgeführt und die Fragen wurden offen gestellt. Aufgrund der verschiedenen Standorte der Befragten und des Forschenden wurden die Interviews nicht persönlich Face-to-Face, sondern über Videotelefonat-Programme geführt (Krell & Lamnek, 2016, S. 315). Als Stil der Kommunikation wurde das neutrale Interview gewählt, da es die informationssuchende Funktion betont und den Befragten als gleichwertigen Partner akzeptiert (Bortz & Döring, 2006, S. 239; Krell & Lamnek, 2016, S. 315).

Der Interview-Leitfaden, der in dieser Forschung verwendet wurde, verdeutlicht, dass es sich um ein teilstrukturiertes Interview handelt. Zudem wurden die Fragen auf Basis des aktuellen Forschungsstands entwickelt und gezielt auf die Ziele der Untersuchung zugeschnitten. Der aktuelle Forschungsstand wurde in Kap. 3 dieses Buches behandelt. Die Befragung wurde in drei Teile gegliedert:

Der erste Fragenblock zielt darauf ab, den jeweiligen Interviewten nach seiner persönlichen Auseinandersetzung mit dem Thema sowie nach seinen bisherigen Erfahrungen mit Umnutzungsprojekten zu befragen, um eine lockere Einführung in das Thema zu ermöglichen. Der zweite Themenblock konzentriert sich auf die Chancen und Herausforderungen im Zusammenhang mit der Umnutzung von Kirchen, einschließlich des Erhalts des architektonischen und städtebaulichen Erbes sowie der verschiedenen Aspekte der kulturellen, kommerziellen und sozialen Nachnutzung. Dabei wird auch versucht, von den Experten Einsichten darüber zu gewinnen, welche Art der Nutzung aus ihrer Sicht am einfachsten ist, in einem Ranking der *Einfachheit*. Der dritte Fragenblock adressiert spezifische Herausforderungen und mögliche Lösungsansätze im Kontext von Kirchenumnutzungen, einschließlich möglicher kirchlicher und gesellschaftlicher Bedenken, Kosten für Umbaumaßnahmen, Bewertungsmethoden für verschiedene Nutzungsarten sowie bauliche und rechtliche Einschränkungen durch Denkmalschutz und baurechtliche Vorgaben. Abschließend zielt der vierte Block darauf ab, eine Prognose über die zukünftige Relevanz und Entwicklung der Thematik der Kirchenumnutzung von den Befragten zu erhalten und so das Interview abzurunden.

Expertenstruktur der qualitativen Forschung				
Nr.	Branche/ Ressort	Funktion	Datum	Dauer
B1	Forschung und Lehre	Professor	30.05.24	81 Minuten
B2	Forschung/Beratung	Berater (leitend)	07.06.24	62 Minuten
B3	Immobilien	Architekt (leitend)	10.06.24	94 Minuten
B4	Forschung/Beratung	Professor/Berater (leitend)	12.06.24	76 Minuten
B5	Glaubensgemeinschaften	Dekan	12.06.24	46 Minuten
B6	Immobilien	Immobilienmakler (leitend)	22.06.24	40 Minuten

Abb. 4.2 Befragte Experten der qualitativen Forschung

Sehr relevant für die Datenerhebung war die Auswahl der Experten. Insgesamt wurden sechs Experten gewonnen und im Zeitraum vom 30.05.2024 bis zum 22.06.2024 in Form des teilstrukturierten Interviews befragt. Experten in diesem Kontext sind Personen, die über fundiertes Wissen und umfassende Erfahrung im Bereich der Umnutzung von Kirchen verfügen. Dies kann verschiedene Disziplinen und berufliche Hintergründe umfassen, wie Architektur, Denkmalpflege, Stadtplanung, Soziologie, Theologie und Immobilienwirtschaft. Das Rollenwissen kann auch aus Bereichen des außerberuflichen Engagements stammen, durch welches Fachwissen angeeignet werden konnte. Die Interviewpartner wurden über deren E-Mail-Adressen kontaktiert. Die Kontaktdaten von drei Befragten gingen aus Studien und Webseiten hervor. Die drei weiteren Interviewpartner konnten über einen Kontakt der Hochschule hergestellt werden. Vor dem Kontaktieren der Personen wurde eine intensive Online-Recherche durchgeführt, um sicherzustellen, dass die Befragten als Experten identifiziert werden können. Die Interviews wurden in Form von Videokonferenzen über *Zoom* oder *Teams* geführt. Vorher wurde den Befragten der Interview-Leitfaden zugeschickt, damit diese sich auf das Gespräch vorbereiten konnten. In folgender Abb. 4.2 ist die Expertenstruktur detailliert zu erkennen (Eigene Darstellung).

4.3   Datenauswertung und Untersuchungsgegenstand

Für die Auswertung der Experteninterviews wurde die qualitative Inhaltsanalyse nach Mayring angewendet (Mayring, 2015, S. 17). Diese Inhaltsanalyse sieht ein systematisches Vorgehen für die Analyse der Daten vor (Mayring, 2015, S. 12). Die Systematisierung zeichnet sich unter anderem durch die Anwendung von gezielten Regelungen aus. Diese bewerkstelligt, dass auch Dritte die Inhaltsanalyse verstehen, überprüfen und nachvollziehen können (Mayring, 2015, S. 12 f.). Das strukturierte Vorgehen einer gründlichen Inhaltsanalyse zeigt sich auch darin, dass sie auf theoretischen Grundlagen basiert. Das Material wird unter einer klar definierten theoretischen Fragestellung analysiert. Die Ergebnisse werden entsprechend des zugrunde liegenden theoretischen Rahmens interpretiert, und jeder Analyse-Schritt wird durch Überlegungen aus der Theorie geleitet. Letzteres bedeutet, dass man sich auf die Erfahrungen anderer aus dem gleichen untersuchten Thema stützt (Mayring, 2015, S. 13). Im Zentrum der qualitativen Inhaltsanalyse steht die Verwendung von Kategorie-Systemen (Mayring, 2015, S. 51). Mayring beschreibt die Analyse auch als kategoriengeleitete Textanalyse (Mayring, 2015, S. 13).

Für den Ablauf der qualitativen Inhaltsanalyse lassen sich nach Mayring zehn Schritte identifizieren, die in folgender Abb. 4.3 gezeigt werden (Eigene Darstellung in Anlehnung an Mayring, 2015, S. 62).

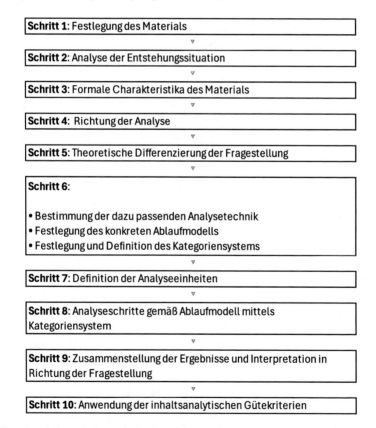

Abb. 4.3 Inhaltsanalytisches Ablaufmodell

Im ersten Schritt wird das zu erforschende Material festgelegt (Mayring, 2015, S. 54 f.). Wie bereits im Abschn. 4.2 erklärt, handelt es sich dabei um sechs Experteninterviews. Der zweite Schritt beinhaltet die Analyse der Entstehungssituation, welche ebenfalls in Abschn. 4.2 erläutert wurde, wobei die Datenerhebung persönlich durch den Forscher erfolgte. Der dritte Schritt beschäftigt sich mit den Charakteristika des Materials und beschreibt dessen Form (Mayring, 2015, S. 55). Die Interviews wurden mittels *Zoom* transkribiert, jedoch mussten die Transkripte noch weiterbearbeitet werden. Diese Bearbeitung erfolgte nach den Transkriptionsregeln von Dresing und Pehl, wie in Abb. 4.4 zu erkennen ist (Eigene Darstellung in Anlehnung an Pehl & Dresing, 2018, S. 21 f.).

Da den Befragten außerdem Anonymität garantiert wurde, wurden die Unternehmensbezeichnungen der Unternehmen, bei denen die Experten angestellt sind, durch *(Unternehmen)* und die Namen der Experten durch *(Name)* ersetzt. Wenn ein bestimmter Ort leicht Rückschluss auf den Experten geben kann, wird dies mit

Inhaltlich-semantisches Transkriptions-Regelsystem
Es wird wörtlich transkribiert, nicht lautsprachlich oder zusammenfassend.
Wortverschleifungen werden ins Schriftdeutsch angeglichen.
Dialekte werden ins Hochdeutsche übersetzt, falls möglich; sonst bleibt der Dialekt.
Umgangssprachliche Partikel wie „gell, gelle, ne" werden transkribiert.
Stottern wird geglättet, abgebrochene Wörter ignoriert; Wortdoppelungen nur bei Betonung erfasst.
Halbsätze werden mit dem Abbruchzeichen „/" gekennzeichnet.
Interpunktion wird zur Lesbarkeit geglättet, Sinneinheiten bleiben erhalten.
Rezeptionssignale werden nur transkribiert, wenn sie direkt auf Fragen antworten.
Pausen ab 3 Sekunden werden durch „(...)" markiert.
Besonders betonte Wörter oder Äußerungen werden durch VERSALIEN gekennzeichnet.
Jeder Sprecherbeitrag erhält eigene Absätze, zwischen den Sprechern gibt es eine leere Zeile.
Unverständliche Wörter werden mit „(unv.)" gekennzeichnet, längere unverständliche Passagen mit Ursache.
Die interviewende Person wird durch „I:", die befragte Person durch „B:" gekennzeichnet; bei mehreren Befragten wird eine Kennnummer oder ein Name zugeordnet („B1:", „Peter:").

Abb. 4.4 Inhaltlich-semantisches Transkriptions-Regelsystem

(Ort) gekennzeichnet. Außerdem wurden weitere Personen, die von den Experten genannt wurden mit *(Referenzperson)* und die Kirchenobjekte, die Rückschluss auf den jeweiligen Experten bringen könnten mit *(Referenz-Objekt)* ersetzt. Im vierten Schritt erfolgt die Festlegung der Richtung der Analyse (Mayring, 2015, S. 58). Die Analyse in dieser Forschung ist auf das zentrale Thema ausgerichtet, wobei die transkribierten Experteninterviews den Gegenstand der Forschungsfragen darstellen (Krell & Lamnek, 2016, S. 487; Mayring, 2015, S. 58). Im fünften Schritt folgt die theoretische Differenzierung der Fragestellung. Wie bereits dargelegt, sollte die Analyse einer klaren, theoretisch fundierten Fragestellung folgen (Mayring, 2015, S. 59). In Abschn. 1.1 wurden demnach bereits die Forschungsfragen beschrieben, die auf dem aktuellen Forschungsstand basieren. Der Interview-Leitfaden sieht vor, diese Fragen zu beantworten. Darauf folgt der sechste Schritt, in dem die Analysetechnik bestimmt wird, das konkrete Ablaufmodell festgelegt wird und das Kategoriensystem festgelegt und analysiert wird (Mayring, 2015, S. 62). Im Zuge dieser Bachelorarbeit wird auf die Strukturierung beziehungsweise die deduktive Kategorienanwendung zurückgegriffen. Diese Analysetechnik der Inhaltsanalyse zielt darauf ab, eine Struktur im Forschungsstand zu identifizieren. Diese Struktur wird durch ein Kategoriensystem auf das erhobene Material angewendet, um relevante Textbestandteile systematisch zu extrahieren (Mayring, 2015, S. 97). Konkret wird das Ablaufmodell mit dem Ziel einer inhaltlichen Strukturierung durchgeführt (Mayring, 2015, S. 99). Das Kategoriensystem beinhaltet demnach Kategorien und Unterkategorien. Es wird benötigt, um in den nächsten Schritten nützliche Aspekte aus den Experteninterviews zu extrahieren und in die Kategorien zusammenzufassen (Mayring, 2015, S. 103). Im siebten Schritt werden dann die Analyseeinheiten definiert (Mayring, 2015, S. 62). In diesem Schritt werden alle definierten Haupt- und Unterkategorien detailliert benannt und beschrieben. Das Kategoriensystem wird anhand des Forschungsstandes, der Forschungsfragen und den Interviewfragen entwickelt (Krell & Lamnek, 2016, S. 488). Das Kategorisierungssystem ist in Anhang 1 zu sehen. Im achten Schritt wird das Kategoriensystem auf das Material, also auf die transkribierten Interviews, angewandt. Im neunten Schritt werden die Ergebnisse zusammengestellt und in Richtung der Fragestellung interpretiert (Mayring, 2015, S. 62). Die Ergebnisse der Forschung werden im Abschn. 5.1 dargestellt und im Abschn. 5.2 in Richtung der Forschungsfragen dieser Arbeit diskutiert. Im Schritt zehn werden die inhaltsanalytischen Gütekriterien angewendet, um die Qualität der Forschungsergebnisse zu sichern. Dabei sind insbesondere Reliabilität und Validität von Bedeutung. Reliabilität bezieht sich auf die Zuverlässigkeit und Genauigkeit der Messung sowie die Konsistenz der Messbedingungen (Mayring, 2015, S. 123 f.). Da diese Forschung nur einmal durchgeführt wird, liegt die Reliabilität nicht vor, da

keine Wiederholung zur Überprüfung der Ergebnisse stattfindet (Mayring, 2015, S. 123). Größtenteils liegt zwar Validität vor, da die Forschungsergebnisse die tatsächlich relevanten Aspekte der Kirchenumnutzung erfassen und die entwickelten Kategorien diese abbilden (Mayring, 2015, S. 124). Im Abschn. 5.2 werden jedoch noch die Limitationen der Forschungsergebnisse aufgezeigt.

Ergebnisse der empirischen Forschung

5

In den Abschnitten dieses Kapitels werden die Ergebnisse der vorher beschriebenen Forschung aufgezeigt. Die Ergebnisdarstellung der Experteninterviews erfolgt in Abschn. 5.1 und die Diskussion der Ergebnisse erfolgt im Abschn. 5.2.

5.1 Ergebnisdarstellung

Die folgenden Abschnitte stellen die Unterkategorien aus dem Kategoriensystem dar und veranschaulichen die Ergebnisse der durchgeführten Experteninterviews. Wie im Anhang 2 ersichtlich, wurden spezifische Interviewfragen für jede Unterkategorie gestellt, um die Ergebnisse zu ermitteln.

5.1.1 Erhaltung des architektonischen und städtebaulichen Erbes

Die Experteninterviews zeigten verschiedene Gründe dafür, warum Kirchen eine hohe architektonische Bedeutung haben und welche architektonischen und städtebaulichen Gründe für ihren Erhalt sprechen. Experte B1 betonte, dass Kirchen oft von den besten Architekten entworfen würden und eine hohe Bauqualität aufwiesen. Zwei andere Experten äußerten dazu, dass Kirchen höchste bautechnische und gestalterische Sorgfalt widerspiegelten und eine Vielfalt historischer Baustile wie Jugendstil, Barock, Neoromanik und Neogotik aufwiesen. Diese Merkmale machen Kirchen, laut B5, zu bedeutenden und einzigartigen Bauwerken, die in der

C. von Rheinbaben, T. Glatte, *Umnutzung von Sakralbauten*, Studien zum nachhaltigen Bauen und Wirtschaften, https://doi.org/10.1007/978-3-658-47023-4_5

Regel nicht im privaten Bereich errichtet werden. Der Architekt B3 wies zudem darauf hin, dass Kirchen Teil der christlich-abendländischen Kultur seien und seit frühchristlicher Zeit eine hohe kulturelle Bedeutung haben. Städtebaulich spielten Kirchen auch eine wichtige Rolle, da sie meist im Zentrum von Orten stünden und durch ihre Höhe und den Kirchturm markante Wahrzeichen und Denkmäler darstellten. Sie fungierten, laut B2, oft als zentrale Orientierungspunkte in Städten und dienten als Identitätsanker für Siedlungseinheiten vom Dorf bis zur Metropole. Der Experte B4 betonte, dass Kirchenbauten eine hohe Symbolkraft hätten und als kulturelles Erbe gälten. Ein Großteil der Kirchen stehe unter Denkmalschutz, was ihre kulturhistorische Bedeutung unterstreiche. Darüber hinaus seien Kirchen zentrale Versammlungsorte und sollten eine wichtige Rolle im Gemeindeleben spielen. Historisch sollen sie sowohl sakralen als auch kommunalen Zwecken wie Versammlungen und Märkten gedient haben. Diese besondere Lage und die hohe bauliche Qualität sollen es schlussendlich sinnvoll machen, Kirchen weiter zu nutzen und zu erhalten. Der Architekt B3 hob zudem hervor, dass denkmalgeschützte Kirchen mit guter Bausubstanz nur schwer abzureißen seien und als wichtige Landmarken und Kulturräume erhalten bleiben sollten. Experte B4 wies auch darauf hin, dass die Erhaltung bestehender Gebäude aus ökologischer Sicht sinnvoller sei als Neubauten, da Ressourcen geschont würden. Zudem sei die Erhaltung moderner Kulturräume oft teurer als die Erhaltung alter Kirchen.

In den Experteninterviews wurden verschiedene Strategien aufgezeigt, wie das architektonische Erbe und die historische Bausubstanz von Kirchen trotz einer Umnutzung erhalten werden können. Laut B3 sollten die Silhouette und die äußere Form der Kirche, einschließlich des Kirchenschiffs und des Kirchturms, so wenig wie möglich verändert werden, um die architektonische Integrität zu erhalten. B1 betonte, dass reversible Nutzungen ideal seien, da sie die historische Bausubstanz nicht dauerhaft veränderten. Ein Beispiel dafür sei die Kirche in Müncheberg, wo ein reversibles Holz-Ei eingebaut wurde, das verschiedene Nutzungen ermögliche, ohne die Kirche dauerhaft zu verändern. B2 betonte, dass zumindest der Erhalt der Gebäudehülle anzustreben sei, auch wenn bei einer Umnutzung ein Substanzverlust fast unvermeidlich sei. Der Architekt B3 erwähnte auch, dass es wichtig sei, unpassende Nutzungen zu vermeiden, die das Gebäude verunstalten könnten. Des Weiteren seien laut B2 künstlerisch und sakral bedeutsame Ausstattungsstücke besonders gefährdet und müssten sorgsam behandelt werden. B4 sagte, dass der Erhalt der Kirche finanzielle Mittel und einen engagierten Förderer erfordere. Er äußerte auch, dass eine Stakeholder-Analyse notwendig sei, um Verantwortlichkeiten und Interessen zu klären, und dass auch Fördermittel aus der Denkmalpflege genutzt werden könnten, um die Erhaltung zu unterstützen. B5 sprach von der Möglichkeit, neue Nutzungen wie Museen, Cafés, Restaurants, Konzertsäle, Festsäle, Galerien oder Hotels zu integrieren, solange sie die architektonischen Aspekte der Kirche respektierten und nutzten. Es müsse außerdem geprüft werden, ob die Gemeinde die Kirche noch brauche oder ob eine neue Nutzung sinnvoller wäre. B5 schlug auch vor, den Sakralraum zu verkleinern, um andere Bereiche der Kirche für neue Zwecke und die großen Räume effizienter zu nutzen. Laut dem Architekten B3 sollen die Kirchengemeinden darauf achten, dass die Kirche nicht in falsche Hände gerate, und dass Veränderungen so geplant werden, dass sie leicht rückgängig gemacht werden könnten.

5.1.2 Arten der Nachnutzung

In den Expertengesprächen wurden verschiedene Chancen und Problembereiche im Zusammenhang mit der Umnutzung einer Kirche für kulturelle Zwecke aufgezeigt. Laut den Experten gäbe es einige Chancen für eine kulturelle Nutzung. Laut B3 ermögliche die kulturelle Nutzung den Erhalt und den Betrieb des Gebäudes. Die Architektur von Kirchen eigne sich B3 zufolge ideal für kulturelle Veranstaltungen wie Konzerte und Theateraufführungen. Die vorhandene Infrastruktur, beispielsweise die Sakristei mit Toiletten, solle diese Nutzung zusätzlich unterstützen. Des Weiteren sagte B2, dass die kulturelle Umnutzung oft die schonendste Form der Umnutzung sei und sich Kirchengebäude gut für kulturelle Nutzungen wie Ausstellungen, museale Präsentationen, Wechselausstellungen und musikalische Veranstaltungen eigneten. Die großen offenen Räume der Kirchen sollen sich, laut B2 und B4, besonders gut für kulturelle Aktivitäten, Bibliotheken und ähnliche Einrichtungen eignen, da sie problemlos integriert werden könnten. B1 hob hervor, dass kulturelle Nutzungen, insbesondere Konzertsäle und Ausstellungsräume, am ehesten von der Bevölkerung akzeptiert würden. Für den Dekan B5 ist eine kulturelle Nutzung einem Verkauf oder Leerstand vorzuziehen, da Kirchen oft zentrale Orte seien, die Menschen zusammenführten und das Verbindende der Kirche erhielten.

Es gäbe aber auch einige Problemfelder bei der kulturellen Nutzung. B2 wies darauf hin, dass es in wohlhabenden Kommunen oft schon viele kulturelle Einrichtungen gäbe, was den Bedarf an neuen kulturellen Nutzungen einschränke. Außerdem ergäben sich finanzielle Herausforderungen beispielsweise daraus, dass öffentliche Gelder oft bereits in andere Umnutzungen, wie zum Beispiel Industriebauten, geflossen seien und erfolgreiche Umnutzungen selten, sowie oft Ausnahmen, seien. B1 betonte, dass bauliche Anforderungen und die Art der kulturellen Nutzung, wie zum Beispiel Volkshochschulen oder Ausstellungsräume, Umnutzungen erschweren könnten. B4 und B2 betonten, die Frage der Finanzierung bei einer kulturellen Nutzung. B4 äußerte auch, dass die Unterhalts- und Betriebskosten aufgrund der architektonischen Komplexität und der historischen Elemente der Kirche höher als bei einfacheren Gebäuden seien.

In den Experteninterviews wurden verschiedene Chancen und Problemfelder im Zusammenhang mit der Umnutzung einer Kirche für kommerzielle Zwecke aufgezeigt. Hinsichtlich der Chancen sah der Architekt B3 die Möglichkeit, die Kirche in Eigentumswohnungen, Versammlungsräume oder andere kommerzielle Einrichtungen umzuwandeln, insbesondere wenn ein starker finanzieller Träger die Umnutzung unterstütze. B2 betonte außerdem die hohe Nachfrage in städtischen Gebieten mit gut erschlossenen Flächen und interessanten Gebäuden. Beispiele wie Kunstgalerien oder gastronomische Betriebe, die die sakrale Atmosphäre nutzen, könnten erfolgreich sein. Auch B1 wies darauf hin, dass kommerzielle Nutzungen finanziell attraktiv sein können, da sie oft mit relativ geringem Umbauaufwand realisierbar seien, wie zum Beispiel Restaurants oder Buchhandlungen, die die besondere Atmosphäre der Kirche nutzen könnten. B4 äußerte, dass Kirchen in zentralen Lagen wie Fußgängerzonen von Laufkundschaft profitieren könnten. Nutzungsmöglichkeiten wie Werbebanner oder Mobilfunkmasten am Kirchturm könnten zusätzliche Einnahmen generieren.

Der Dekan B5 betonte des Weiteren das wirtschaftliche Potenzial durch erstklassige Lagen und die Möglichkeit, wertvolle Immobilien in rentable Projekte wie Wohn- oder Bürogebäude umzuwidmen. Wie bei den kulturellen Nutzungen gäbe es laut den Experten auch hier finanzielle Herausforderungen. B3 wies auf die hohen Energie- und Unterhaltskosten aufgrund des großen Raumvolumens hin. Die Notwendigkeit, Ebenen einzuziehen und bestimmte Standards zu erfüllen, könne auch teuer und schwierig umzusetzen sein. Der Berater B2 erwähnte zudem die Schwierigkeit dieser Nutzung in ländlichen Gebieten aufgrund des geringeren kommerziellen Interesses und die Gefahr der Missachtung der historischen und architektonischen Integrität des Gebäudes. Darüber hinaus wies B4 auf die Nutzungseinschränkungen durch den Denkmalschutz und die hohen Kosten für den Erhalt und die Anpassung der Gebäude hin. Auch die Schwierigkeit, den Lieferverkehr für gewerbliche Nutzungen in innerstädtischen Kirchen zu organisieren, stelle ein Problem dar. Der Dekan B5 wies außerdem auf die Gefahr hin, den ursprünglichen Zweck und den Gemeinschaftswert der Kirche zu verlieren. Er betonte die Notwendigkeit, mehrere Interessengruppen einzubeziehen, einschließlich der Stadt, der Denkmalschutzbehörden, der lokalen Räte und der Kirchengemeinde, was zu potenziellen Konflikten führen könne.

In den Experteninterviews wurden verschiedene Chancen und Problemfelder im Zusammenhang mit der Umnutzung einer Kirche für soziale Zwecke aufgezeigt. Bei den Chancen wurde von B3 eine hohe Affinität zu kulturellen Nutzungen gesehen, wodurch sich der Raum auch für soziale Aktivitäten eigne. B2 erwähnte, dass soziale Nutzungen die Kirche in die Zivilgesellschaft integriere und die Gemeinschaftsfunktion der Kirche fortführe. Beispiele für geeignete soziale Nutzungen seien Bürgerzentren, soziokulturelle Zentren und Mehrgenerationenhäuser. Laut dem Professor B4 könnten auch soziale Bedürfnisse wie Pflegeheime, Seniorentreffs oder Tageseinrichtungen erfüllt werden. B5 betonte auch die Fortführung des ursprünglichen sozialen Auftrags der Kirche und bezog sich auf ein Projekt, bei dem für eine große Kirche, die dort abgerissen werden solle, eine neue Kapelle, ein Caritasheim, betreutes Wohnen und eine Pflegestation entstehen könnten. Konkret könne dort ein Mehrgenerationenzentrum mit Kinderhaus und Senioreneinrichtungen entstehen, wobei weiterhin Gottesdienste und kulturelle Veranstaltungen stattfinden könnten.

Wie bei den kulturellen und kommerziellen Nutzungen gäbe es auch hier finanzielle Herausforderungen. Der Architekt B3 wies darauf hin, dass größere Gruppen- und Versammlungsräume benötigt würden, die möglicherweise angepasst werden müssten, und dass der Raum für soziale Dienstleister und Nutzer attraktiv und komfortabel sein müsse. B2 deutete an, dass soziale Nutzungen selten die großen offenen Räume in vollem Umfang benötigten oder finanzieren könnten, und dass die Räume oft stark verändert werden müssten, was behutsam geschehen müsse. Der Professor B4 machte auch auf die Finanzierbarkeit der Einrichtung aufmerksam und wies auf den Kostendruck auf Pflegeeinrichtungen und Diözesen hin. Außerdem deutete B5 auf die Notwendigkeit hin, gesetzliche Vorgaben wie zum Beispiel für Kindertagesstätten einzuhalten und die Infrastruktur an die neuen Nutzungen anzupassen.

Auf die Frage, welche Umnutzung am einfachsten sei und wo man dementsprechend soziale, kulturelle und kommerzielle Nutzungen jeweils in einem Ranking der *Einfachheit* stellen würde, antworteten die Experten teils unterschiedlich. B3 und B2 waren sich einig, dass kulturelle Nutzungen am einfachsten seien, da sie die geringsten baulichen Veränderungen und Investitionskosten erfordere. Soziale Nutzungen sollen an zweiter Stelle stehen, da sie Unterstützung von Sponsoren benötige, aber weniger komplex seien als kommerzielle Nutzungen. Kommerzielle Nutzungen seien am schwierigsten umzusetzen, da sie erhebliche Investitionen und Anpassungen erforderten.

B1 und B6 sahen kommerzielle Nutzungen als am einfachsten umsetzbar an, da sie oft mit geringem Umbauaufwand realisierbar seien. Kulturelle Nutzungen sollten an zweiter Stelle folgen, da sie realisierbar seien, die spezifischen Anforderungen aber variieren könnten. Soziale Nutzungen seien am schwierigsten umzusetzen, da sie größere Umbauten und energetische Anpassungen erforderten. B4 und B5 sahen soziale Nutzungen als am einfachsten umsetzbar an, da sie dem ursprünglichen Zweck der Kirche entsprächen und gesellschaftlich akzeptiert seien. Kulturelle Nutzungen seien an zweite Stelle zu setzen, da sie akzeptiert seien, aber höhere Kosten verursachen könnten. Kommerzielle Nutzungen seien am schwierigsten, da sie oft nicht den kirchlichen Werten entsprächen und auf Widerstand stießen.

5.1.3   Kirchliche Bedenken

Die Experteninterviews zeigten eine Vielzahl kirchlicher Bedenken gegenüber der
Umnutzung von Kirchengebäuden. B3 betonte, dass die Kirche große Vorbehalte
gegenüber Nutzungsplänen wie, im Extremfall, Swingerclubs oder Bordellen habe,
da diese als Häresie und Blasphemie angesehen würden. Der Immobilienmakler
B6 und der Professor B1 sagten, dass neben moralischen und ethischen Aspekten
auch Bedenken hinsichtlich der Nutzung durch andere Religionen, insbesondere
dem Islam, bestünden. B6 erwähnte aber auch, wie B3, die Ablehnung von Nutzungen mit sexuellem Hintergrund sowie von Spielhallen und Vergnügungsstätten.
Des Weiteren wurden von B2 finanzielle Aspekte betont, indem er auf die Herausforderung hinwies, dass Erlöserwartungen durch Verkauf oder Umnutzung ge-
meinnützige Zwecke beeinträchtigen und auf Kritik stoßen könnten. Der Dekan B5
betonte die sakrale Bedeutung von Kirchengebäuden und die Notwendigkeit, diese
vor einer Umnutzung zu entweihen. Er sagte auch, dass die neue Nutzung mit dem
sakralen Charakter vereinbar sein-, und der Symbolcharakter der Kirche erhalten
bleiben müsse.

Die Experten verdeutlichten, dass die Kirche verschiedene rechtliche Mittel
einsetzen könne, um die Umnutzung von Kirchengebäuden einzuschränken. Der
Architekt B3 erklärte, dass Nutzungsbeschränkungen und Rückauflassungsvormerkungen von zentraler Bedeutung seien, um sicherzustellen, dass die neue Nutzung den katholischen Werten entspräche und die Zustimmung der Kirchengemeinde erfordere. B2 nannte ebenfalls die Bedeutung rechtlicher Mittel, um die
Würde und den ursprünglichen Zweck des Gebäudes zu wahren. B1 hob dazu hervor, dass die Kirche sowohl privatrechtliche als auch öffentlich-rechtliche Mittel
nutzen könne, um die Nutzung einzuschränken. Im Rahmen des Privatrechts be-
stünde die Möglichkeit, im Kaufvertrag Auflagen zu machen. Im öffentlichen
Recht könne der Bebauungsplan genutzt werden, um die Nutzung auf kirchliche,
soziale oder kulturelle Zwecke zu beschränken. B4 ergänzte auch, dass die Kirche
als Eigentümerin durch Auflagen im Verkaufsprozess die Nutzung beschränken
könne. Zuletzt betonte auch der Dekan B5, dass die Kirche die Möglichkeit habe,
Anträge auf Profanierung zu stellen und in Verträgen bestimmte zukünftige Nutzungen auszuschließen.

Im Umgang mit diesen rechtlichen Mitteln nannte der Berater B2 die Wichtig-
keit von Kompromissen und dem Aufbau eines langfristigen Vertrauensverhält-
nisses zwischen Kirche und neuen Nutzern, um die ursprüngliche Nutzung und die
Würde des Gebäudes zu respektieren. Der Dekan B5 betonte, dass klare Vereinbarungen über die zukünftige Nutzung getroffen werden müssten, um sicherzustellen, dass diese den kirchlichen Anforderungen entsprechen könne. Dies unter-

stützte B6 und betonte, dass der Käufer offen kommunizieren und gegebenenfalls die geplante Nutzung anpassen müsse, um größere Proteste oder Probleme im Umfeld zu vermeiden. B4 schlug zudem vor, dass Investoren vertragliche Vereinbarungen treffen sollten, um sicherzustellen, dass die Nutzung langfristig den kirchlichen Anforderungen entsprechen könne. Außerdem sah er es, wie B2, als sehr wichtig an, dass der neue Eigentümer der Kirche eine Vertrauensperson für die Kirche sei. Der Architekt B3 betonte die Bedeutung einer guten Kommunikation und klarer Verträge mit anmietenden Geschäftspartnern, die Nutzungseinschränkungen berücksichtigen, um diese rechtlichen Mittel effektiv zu handhaben.

5.1.4 Gesellschaftliche Bedenken

Die Experten waren sich in Bezug auf die gesellschaftlichen Anliegen einig, äußerten aber auch unterschiedliche Hintergründe für die Bedenken. B3 betonte, dass viele Menschen trotz fehlender aktiver Kirchenbindung weiterhin eine starke kirchliche Prägung hätten, und dass die Nutzung eines Kirchengebäudes von anderen Religionen kritisch angesehen würde. B2 betonte dazu, dass die Nutzung von Kirchengebäuden durch die Kirche selbst als rein rechtliche Eigentümerin zur Gewinnerzielung als unangemessen empfunden werden kann, da diese Gebäude auch ein gesamtgesellschaftliches Erbe darstellen würde. Dementsprechend erwähnte B1 beispielsweise, dass kulturelle Nutzungen wie Buchläden eher akzeptiert würden, während kommerzielle Nutzungen wie Autohäuser größere Akzeptanzprobleme aufwerfen könnten. B4 wies darauf hin, dass viele Bürger persönliche und kulturelle Werte mit der Kirche verbänden, was zu Widerstand gegen bestimmte Umnutzungen führen könne, die den Symbolcharakter der Kirchengebäude verändern würden. Er betonte auch, dass es regionale Unterschiede gäbe, wobei städtische Standorte oft mehr soziale Konflikte hervorriefen als ländliche. B5 verwies außerdem auf Bedenken hinsichtlich möglicher Lärmbelästigungen und Umfeldveränderungen durch neue Nutzungen wie Diskotheken, insbesondere in ruhigen Stadtteilen. Des Weiteren betonte B6 die gesellschaftlichen Vorbehalte gegenüber sexuell geprägten Nutzungen oder Vergnügungsstätten, die häufig auf Ablehnung stießen, insbesondere wenn solche Einrichtungen in Wohngebieten geplant seien.

Aus den Antworten auf die Frage, ob es Unterschiede bei den Bedenken zwischen der Kirchengemeinde, bei der die Umnutzung stattfindet und der allgemeinen Bevölkerung Experteninterviews gibt, ging hervor, dass Unterschiede existieren. B2 betonte die starke emotionale Bindung der Kirchengemeinde, die durch wichtige Lebensereignisse wie Taufen, Hochzeiten und Beerdigungen geprägt sei, wäh-

rend die allgemeine Bevölkerung eher eine symbolische Bindung zur Kirche als
Teil ihrer Heimat und Identität sähe. B1 beschrieb genauso, dass die Kirchengemeinde eine starke emotionale Bindung an die Kirche habe, die auch von Nicht-
mitgliedern über traditionelle und symbolische Bedeutungen geteilt würde. Der
Berater B4 erwähnte außerdem, dass die Kirchengemeinde spezifische Bedenken
hinsichtlich der spirituellen und symbolischen Rolle der Kirche habe, während die
allgemeine Bevölkerung möglicherweise weniger starke emotionale Bindungen
und andere Ansichten habe, die stark von regionalen Unterschieden abhängen
könnten. B5 äußerte, dass die allgemeine Bevölkerung oft konservative Ansichten
über den Erhalt der Kirche als stabilisierendes Element im Stadtteil habe, während
die Mitglieder der Kirchengemeinde offen für Veränderungen seien, die das Ge-
meinschaftsgefühl stärken könnten. B6 sagte im Gegensatz zu den anderen Experten, dass er die Unterschiede als gering empfände. Des Weiteren erläuterte B3 anhand eines seiner Projekte, bei dem die Gemeinde den Neubau einer Kirche unterstütze und somit auch die Umnutzung der alten Kirche als sinnvoll erachte, einen
Ausnahmefall, in dem die Kirchengemeinde weniger Bedenken habe als die allgemeine Bevölkerung.

5.1.5   Meist betroffene Nutzungen & möglicher Umgang

Die Experten identifizierten verschiedene Nutzungen, die besonders von kirch-
lichen und sozialen Bedenken betroffen sein sollen. B3 wies darauf hin, dass
Swingerclubs, Bordelle und Diskotheken wegen der Lärmproblematik und
Gewerbeflächen wegen des Stellplatzbedarfs als problematisch angesehen würden.
B2 stimmte dem zu und nannte auch Nutzungen durch andere Religionsgemein-
schaften, wie Moscheen und Synagogen, sowie gewerbliche Lösungen, die die
Würde des Kirchengebäudes beeinträchtigen könnten. B1 äußerte, dass insbesondere kommerzielle Nutzungen davon betroffen seien, aber dass man das allgemein
aushandeln müsse. Des Weiteren betonte B4, dass allgemein Nutzungen, die dem
spirituellen und symbolischen Charakter der Kirche widersprächen, von der Gesellschaft und Kirche am meisten betroffen seien. Der Dekan B5 sagte, dass Nutzungen, die weder kirchlich noch sozial oder kulturell sind, besonders auf Vorbehalte stoßen könnten. Der Immobilienmakler B6 nannte wiederum Wohnungen
und Büros als akzeptierte Nutzungen, während soziale Einrichtungen wie Suppenküchen und Drogenberatungsstellen auf weniger Zustimmung stoßen könnten.
    Für den Umgang mit kirchlichen und gesellschaftlichen Bedenken, die eine
Umnutzung gefährden könnten, schlugen die Experten verschiedene Ansätze vor:
Ein Punkt sei die Notwendigkeit einer starken Kommunikationsstruktur und des

aktiven Anhörens der Bevölkerung. B2 und B3 betonten die Bedeutung von Bürgerversammlungen und einer transparenten Informationspolitik, um Bedenken frühzeitig zu begegnen und die Vorteile des Umnutzungsprojektes herauszustellen. B1 betonte die Rolle der Kirche als Eigentümerin und die Notwendigkeit, die Bevölkerung frühzeitig und umfassend in den Entscheidungsprozess einzubeziehen. Der Experte B1 betonte, dass dies dazu beitragen könne, Widerstände zu minimieren und Unterstützung für das Projekt zu gewinnen. B4 ergänzte dies durch die Betonung der Kommunikation mit der Kirchengemeinde und der Einbindung der Betroffenen, um Vertrauen aufzubauen und sicherzustellen, dass die geplante Nutzung den Erwartungen entspräche. Ein weiterer Ansatz sei die Berücksichtigung rechtlicher Aspekte und klarer Vereinbarungen in Kaufverträgen, um unerwünschte Nutzungen wie Spielhallen oder vergleichbare Einrichtungen auszuschließen. Dies wurde von B6 betont, der auch auf die Bedeutung flexibler Reaktionen auf gesellschaftliche Bedenken hinwies. Der Dekan B5 nannte als Lösungsansatz, dass ein offener Dialog mit den verschiedenen Interessengruppen und die Berücksichtigung des Denkmalschutzes unerlässlich seien, um die emotionale und historische Bedeutung der Kirche für die Gemeinde zu respektieren.

5.1.6 Kostenfaktoren

Bei einem Umbau von Kirchengebäuden gibt es, laut den Experten, verglichen mit normalen Umbauprojekten besonders kostenrelevante Faktoren, die weit über den Denkmalschutz hinausgehen könnten. Der Architekt B3 und der Berater B2 wiesen auf die schiere Größe und die besonderen architektonischen Merkmale von Kirchen – wie große Fenster und hohe Dächer – hin, die hohe Kosten für Gerüste und Baustelleneinrichtung verursachen würden. Laut B3 erschweren zudem die beengten Platzverhältnisse rund um die Kirchen den Zugang und das Arbeiten an den Fassaden, was die Baukosten zusätzlich in die Höhe treibe. Er sprach ebenfalls darüber, dass die Logistikkosten und die Kosten für Umbauten in Kirchenräumen, bedingt durch die komplexe Anpassung in die bestehende Struktur, höher sein könnten. Ein weiterer Kostenfaktor seien laut B2 die strengen Auflagen des Denkmalschutzes, die zwar steuerliche Vorteile böten, aber auch teure Materialien wie Eifler Schiefer vorschreiben könnten. Problematisch sei auch die energetische Ineffizienz von Kirchengebäuden, da die großen Räume oft schlecht gedämmt seien und hohe Heizkosten verursachen würden. Dies erfordere oft kostspielige Investitionen in moderne Heizsysteme und Dämmmaßnahmen. Weitere Herausforderungen seien laut Experte B5 die besonderen baulichen Merkmale von Kirchen, wie Türme und große Dachspannweiten, die besondere statische und finanzielle Anforderungen stellten. Auch der Erhalt und die Integration sakraler Gegenstände wie Altäre, Taufbecken und Orgeln seien kostenintensiv. B4 wies auf die komplexe Struktur von Kirchen hin, die oft mehrere Grundbucheinträge und verschiedene Finanzierungsquellen hätten, die abgelöst werden müssten. B6 ergänzte, dass insbesondere Brandschutzauflagen und die Instandhaltung von den hohen Gebäuden und Türmen, einschließlich der Steinschlagschutzmaßnahmen und der Instandhaltung bröckelnder Betonkirchtürme, erhebliche Kosten verursachen würden.

Auch auf die Frage, welche Faktoren bestimmen, ob eine Umnutzung wirtschaftlicher sei als ein Abriss mit anschließendem Neubau, wurde teils verschieden geantwortet. Der Architekt B3 betonte, dass die städtebaulichen und baurechtlichen Vorgaben entscheidend seien, da Bauprojekte den örtlichen Vorschriften entsprechen müssten, was oft zu Einschränkungen führe. Auch Art und Maß der Bebauung sowie das Verhältnis zwischen Grundstücks- und Sanierungskosten spielten laut ihm eine Rolle. Hohe Grundstückskosten könnten einen Abriss und Neubau rechtfertigen, während der Denkmalschutz steuerliche Vorteile bieten solle, die bei einer Umnutzung genutzt werden könnten. Der Projektentwickler muss laut B3 die wirtschaftlichste Lösung finden, oft durch geschickte Nutzung vorhandener Strukturen. Der Berater B2 und der Professor B4 waren der Meinung, dass die Erhaltung der grauen Energie, also der im Gebäude gebundenen CO_2-Menge, in Zukunft kostengünstiger werden könne. Wenn die neue Nutzung nur eine Temperierung und keinen vollständigen Witterungsschutz erfordere, könnten die Kosten gesenkt werden. Ein guter baulicher Zustand des Bestandsgebäudes sei ebenfalls Voraussetzung für eine kostengünstige Umnutzung.

Experte B1 wies außerdem darauf hin, dass die Umnutzungs- und Instandhaltungskosten insbesondere bei denkmalgeschützten Kirchen hoch und schwer zu refinanzieren seien. Heizungs- und Isolierungsprobleme, insbesondere bei Nachkriegskirchen, könnten zusätzliche Kosten verursachen. In innerstädtischen Lagen seien Abriss und Neubau außerdem oft günstiger aufgrund des Bodenpreises, es sei denn, der Abriss sei besonders aufwendig (zum Beispiel wegen Asbest). Auch die spezifischen Anforderungen der neuen Nutzung, wie zum Beispiel Stellplätze, würden die Kosten beeinflussen. Jede Entscheidung müsse, laut B1, jedoch im Einzelfall getroffen werden, da die Umnutzung stark von den individuellen Gegebenheiten abhinge. Der Dekan B5 und der Immobilienmakler B6 betonten, dass der Denkmalschutz oft einen Abriss verhindere und eine Umnutzung zur einzigen Option mache. Entscheidend sei laut dem Dekan letztendlich die finanzielle Situation der Kirchengemeinde. Wenn also kein Geld für die Sanierung vorhanden sei, könne eine Umnutzung durch einen Partner, der das Gebäude übernimmt und saniert, kostengünstiger sein. Auch die Bedeutung des gesamten Gebäudekomplexes und wie eine Umnutzung integriert werden kann, spiele eine Rolle.

5.1.7 Bewertung

Bei der Frage nach einem praktikablen Bewertungsansatz für den Verkauf mit dem Ziel der Umnutzung für soziale, kulturelle und kommerzielle Zwecke gingen die Meinungen der Experten auseinander. Der Architekt B3 favorisierte das Ertragswertverfahren für kommerzielle Nutzungsszenarien, da es den potenziellen Ertrag aus Vermietung oder Verkauf berücksichtige, insbesondere bei größeren Umbauten wie der Umwandlung eines Kirchenschiffs in ein mehrstöckiges Gebäude. Für soziale oder kulturelle Zwecke bevorzuge er das Sachwertverfahren, das den materiellen Wert und den Bodenwert in Betracht ziehe. Das Vergleichswertverfahren hielt er mangels Vergleichsobjekte für ungeeignet. Ähnlich argumentierte der Professor B4 auch für das Ertragswertverfahren, das bei kommerziellen Nutzungen den potenziellen Mietertrag als zentrale Bewertungsgrundlage ansieht. Das Sachwertverfahren hielt er für kulturell wertvolle Gebäude für geeignet, bei denen der emotionale Bezug zum Gebäude entscheidend sei. Das Vergleichswertverfahren sah er aufgrund der fehlenden Vergleichbarkeit, genauso wie B3, als problematisch an.

Ein Immobilienmakler äußerte, dass das Ertragswertverfahren für Kirchen geeignet sei, insbesondere wenn verschiedene Nutzungen angewandt werden, um zusätzliche Einnahmen zu generieren. Das Sachwertverfahren wird laut ihm gelegentlich für die Bewertung von Kirchen genannt, wobei das Ertragswertverfahren bevorzugt würde. Das Vergleichswertverfahren sah er auch aufgrund der Seltenheit vergleichbarer Objekte nicht als nützlich an. Das Liquidationswertverfahren wurde von B6 erwähnt. Er wies aber darauf hin, dass es bei denkmalgeschützten Gebäuden wie Kirchen in der Regel nicht zur Anwendung komme. Es sei denn, das Gebäude würde abgerissen oder irreparabel beschädigt. Die Residualwertmethode wurde nur von Architekt B3 angesprochen. Er erläuterte, dass er für seine Gutachten immer den Bodenwert ermittle und sich dabei am Bodenrichtwert der Umgebung orientiere. Der Residualwert ergäbe sich dann aus der Ausnutzbarkeit des Grundstücks, insbesondere durch die Erhöhung der Geschossflächenzahl (GFZ) und die Möglichkeit der Aufstockung um mehrere Geschosse im Kirchenraum, was den Wert der Kirchen-Immobilie deutlich erhöhe. Wichtig bleibt laut ihm jedoch weiterhin der Ertragswert, da dieser für die Bank am relevantesten sei. B5 betonte, dass die Wahl des Bewertungsansatzes stark vom konkreten Einzelfall abhinge. B1 äußerte, dass herkömmliche Bewertungsansätze wie das Ertrags- oder Sachwertverfahren für Kirchengebäude oft weniger geeignet seien, da sie die besonderen kulturellen und sozialen Werte solcher Gebäude nicht angemessen erfassen könnten. Der Experte wies zudem darauf hin, dass Verkaufsverhandlungen für Kirchen oft eine individuelle Herangehensweise erforderten und somit nicht in dem Sinne standardisiert werden könnten.

5.1.8   Bauliche Einschränkungen

Auf die Frage, welche baulichen Einschränkungen existieren, wurden viele Aspekte genannt. Der Forscher B2 hob den Denkmalschutz allein schon als bauliche Einschränkung hervor. Des Weiteren betonte er auch, dass bei der Umnutzung großer offener Kirchenräume eine elementierte Bauweise notwendig sei, um Strukturelemente wie Balken oder Stahlträger durch die begrenzten Zugangsmöglichkeiten zu transportieren und dann im Inneren zusammenzusetzen. B4 nannte wiederum energetische Probleme, Raumhöhen und bauphysikalische Herausforderungen wie die Anpassung von Fenstern und Lüftungssystemen. B1 betonte die vielfältigen Anforderungen an Brandschutz, Fluchtwege und Stellplatzbedarf, die je nach Nutzungsart spezifische Lösungen erforderten und oft im Konflikt mit denkmalpflegerischen Auflagen stünden. Außerdem nannte B3 die Herausforderung der Integration von Nebenräumen.

Zur Bewältigung dieser Herausforderungen wurde von B3 die Expertise erfahrener Architekten hervorgehoben, die sowohl die historische Substanz erhielten als auch die funktionalen Anforderungen der neuen Nutzung erfüllen könnten. Der Architekt B3 wies zusätzlich darauf hin, dass beispielsweise bei einer kommerziellen Nutzung, durch den Erhalt des historischen Erscheinungsbildes, steuerliche Vorteile erzielt werden könnten, die einen Anreiz zur Erhaltung der ursprünglichen Bausubstanz böten.

Des Weiteren schlug B2 vor, marode Dächer abzutragen und später zu erneuern, um die Bausubstanz zu erhalten und gleichzeitig notwendige Reparaturen durchzuführen. B4 empfahl außerdem den Einbau von Zwischendecken oder Haus-in-Haus-Systemen, um die großen Raumvolumina der Kirchen in kleinere nutzbare Einheiten zu unterteilen, die den energetischen und bauphysikalischen Anforderungen entsprächen. Er betonte auch die Anpassung von Fenstern und Lüftungssystemen durch den möglichen Einbau von Gauben oder anderen konstruktiven Elementen, um Belichtungs- und Belüftungsprobleme zu lösen. B1 erwähnte auch die Nutzung von Ausnahmeregelungen und Verhandlungen mit den zuständigen Behörden, um kreative bauliche Lösungen zu entwickeln, die sowohl die historische Bausubstanz respektierten als auch den neuen Nutzungsanforderungen gerecht würden. Schlussendlich betonte der Dekan B5, wie B3, die Bedeutung der Einbeziehung erfahrener Architekten, die in der Lage seien, den Kirchenraum in die neue Nutzung zu integrieren, ohne seine ästhetischen und architektonischen Werte zu beeinträchtigen.

5.1.9   Denkmalschutz und bau- & planungsrechtliche Regelungen

Die Experten hatten teilweise verschiedene Antworten auf die Frage wie der Denkmalschutz eine Umnutzung einschränken könnte. Die Experten B3 und B4 wiesen darauf hin, dass der Denkmalschutz die Möglichkeiten der Umnutzung von Kirchengebäuden erheblich einschränke, indem er die Erhaltung der äußeren Form und der architektonisch prägenden Merkmale verlange. Der Berater B2 sagte auch, dass bei baulichen Veränderungen die Originalsubstanz des Gebäudes so weit wie möglich erhalten werden müsse, was die Anpassung an neue Nutzungen erschwere. B1 betonte, dass der Denkmalschutz insbesondere die Reversibilität beim Umbau erwartet, und dass die Denkmalpflege teils unbeweglich sei, wenn es zu Kompromissen käme. Der Experte B4 wies des Weiteren darauf hin, dass die strengen Auflagen des Denkmalschutzes zu erheblichen finanziellen Belastungen führen könnten, die gewerbliche Investoren abschreckten. Der Dekan B5 betonte außerdem, dass ohne Zustimmung des Denkmalschutzamtes keine Veränderungen vorgenommen werden dürften, was die Umnutzung erheblich einschränke. Als Beispiel führte er an, dass die Denkmalpflege ein Projekt der Caritas für betreutes Wohnen und Pflegestationen verhindert habe, da der Erhalt des Kirchengebäudes als wertvoller erachtet würde.

Im Umgang mit den Auflagen des Denkmalschutzes wird laut B3 die Kompetenz erfahrener und kreativer Architekten hervorgehoben, die in der Lage sein sollten, sowohl die historische Substanz zu erhalten als auch die funktionalen Anforderungen der neuen Nutzung zu erfüllen. B3 schlug auch vor, in Verhandlungen mit Denkmalschutzbehörden als letztes Mittel den Abriss als Drohkulisse einzusetzen, um Verhandlungsspielraum zu schaffen. Der Professor B4 sah bei der Betrachtung der konkreten Nutzungen die Möglichkeit, dass Denkmalschützer kulturelle und soziale Nutzungen nicht nur genehmigen, sondern sogar fördern könnten. Persönlich empfahl er auch eher eine Nutzung, die den Wert der Kirche als Mehrwert sieht. Des Weiteren ist laut einem Dekan ein kontinuierlicher Dialog mit den relevanten Akteuren wie Stadt, Gemeinde und Denkmalamt entscheidend, um eine Balance zwischen den Anforderungen des Denkmalschutzes und den Bedürfnissen der neuen Nutzung zu finden. Der Immobilienmakler B6 bestätigt letztere Aussage, indem er betonte, dass bei der Umnutzung ein Architekt involviert sein sollte, der über die notwendige soziale Kompetenz verfüge, um mit den Denkmalschutzbehörden zusammenzuarbeiten und mögliche Lösungen zu erarbeiten. B4 betonte auch die Notwendigkeit intensiver Kommunikation und Kompromissfindung.

Auf die Frage, welche baurechtlichen Regelungen die Planung einer Umnutzung erschweren können, wurden zahlreiche Aspekte aufgebracht. Der Experte B3 wies darauf hin, dass baurechtliche Vorschriften wie Statik, Brandschutz,

Schallschutz, Wärmeschutz, Planungsrecht, Emissionsschutz, Versammlungs-
stättenverordnung die Planung und Umsetzung einer Umnutzung erheblich erschweren würden. Insbesondere die bauliche Integrität müsse gewährleistet sein,
was bei alten Kirchengebäuden eine Herausforderung darstelle. Strenge Brandschutzauflagen, insbesondere bei mehr als 200 Personen in einem Raum, sollen
auch auftreten können. B3 erwähnte zudem das Bauplanungsrecht, durch das man
zum Beispiel Vorgaben wie die Nicht-Überschreitung der GFZ beachten müsse.

Des Weiteren nannte er die Notwendigkeit ausreichender Stellplätze, und dass
historische Kirchenstandorte oft nicht für moderne Verkehrsströme ausgelegt
seien, was dies erschweren könne. Genauso, wie B3, waren sich die Experten B1
und B2 einig, dass Stellplatzsatzungen und die Notwendigkeit ausreichender Stellplätze bei Umnutzungen zu Problemen führen könnten. Beide erwähnten auch,
dass Verordnungen für Versammlungsstätten Herausforderungen darstellen könnten, da neue Nutzungen oft Fluchtwegbreiten und andere Sicherheitsmaßnahmen
erforderten, die in historischen Gebäuden nur schwer umzusetzen seien. Auch der
Bebauungsplan ziehe Herausforderungen mit sich. B4 und B6 wiesen darauf hin,
dass baurechtliche Regelungen insbesondere bei kommerziellen Nutzungen
Schwierigkeiten bereiteten, da diese in den bestehenden Bebauungsplänen oft
nicht vorgesehen seien. Eine Änderung des Bebauungsplans sei demnach erforderlich, was zeitaufwändig und kompliziert sein könne. Wie B3, nannte auch der Experte B5, dass die Statik der Kirche ein entscheidender Faktor sei, und dass eine
Kirche nicht beliebig umgebaut werden könne, ohne die strukturelle Integrität zu
gefährden. Er nannte dazu ein Beispiel: Bei einem seiner Projekte, dürfe keine
Tiefgarage gebaut werden, da dies die Statik des Turms gefährden würde.

Für den Umgang mit dieser Herausforderung, nannten die Experten verschiedene Lösungsansätze. Der Experte B3 empfahl eine umfassende und präzise
Planung sowie eine transparente und seriöse Zusammenarbeit mit den Behörden,
um die komplexen baurechtlichen Anforderungen zu erfüllen. Er erwähnte auch,
dass Verhandlungsspielraum existiere. Grundlegend äußerte er auch, dass maßge-
schneiderte Lösungen für spezifische Herausforderungen notwendig seien, um die
baurechtlichen Anforderungen zu erfüllen. Als Voraussetzung für einen guten Umgang nannte er aber auch noch die Notwenigkeit eines tiefen Verständnisses der
Bauvorschriften und eine realistische Einschätzung des Machbaren. Konkreter
erwog er Verhandlungen mit der Stadt zu führen bei der Reduktion der Anzahl not-
wendiger Stellplätze, im Falle, dass eine gute Anbindung an den öffentlichen Ver-
kehr vorhanden sei. Bezüglich derselben Thematik schlugen die Experten B1 und
B2 vor, die Stellplatzverordnung anzupassen, um Ausnahmen für die denkmalgeschützten Gebäude zu ermöglichen. B6 sagte wiederum aus, dass Kirchen meist
schon Parkplätze haben, was das Parkplatzproblem lösen könnte. Des Weiteren war

er der Meinung, dass Kirchen oft eine gute öffentliche Personennahverkehr Anbindung hätten (ÖPNV). Bezüglich der Brandschutzprobleme nannte der Architekt B3 den Einsatz moderner Bauweisen und Materialien, wie zum Beispiel feuerfeste Betondecken anstelle von Holzbalkendecken. Laut B2 könnten auch technische Lösungen wie Sprinkleranlagen Brandschutzprobleme lösen, welche aber kostenintensiv seien. Der Experte B4 empfahl eine intensive Kommunikation und Überzeugungsarbeit mit den zuständigen Behörden. B4 und B6 erwähnten auch, dass die Anpassung oder Änderung baurechtlicher Vorschriften für diese Gebäude mehr Flexibilität ermöglichen könne. Die Nutzung von Best-Practice-Beispielen und spezialisierten Teams sah der Berater B4 auch als gute Möglichkeit an, um die Umnutzung effizienter zu machen. Der Experte B3 nahm auch an, dass man für soziale oder kulturelle Nutzungen möglicherweise Sondergenehmigungen bekommen könnte, da man mit diesen die historische Bausubstanz eher erhalten könne. Bei kommerziellen Nutzungen sah er dort demnach weniger Spielraum. Laut dem Forscher B2 gäbe es sogar wenige Beispiele für soziale und kulturelle Umnutzungen denkmalgeschützter Bauten, bei denen beispielsweise Ausnahmen von Stellplatzsatzungen gemacht würden.

5.2   Diskussion der Ergebnisse

Im Zuge dieser Forschung wurde eine Hauptforschungsfrage aufgestellt, die in fünf Subforschungsfragen untergliedert wurde. In diesem Abschnitt wird ein Beitrag zur Beantwortung dieser Fragen, mithilfe der Forschungsergebnisse aus Abschn. 5.1, geleistet. Dabei wird auch zum Teil der im Kap. 3 dargelegte Stand der Forschung aufgegriffen, um die Aussagen der Experten aus den Interviews damit zu vergleichen und zu diskutieren. Vorab ist jedoch auf die Limitationen der Subforschungsfragen hinzuweisen, die die Schwächen und Defizite dieser Forschung aufzeigen.

Eine grundsätzliche Limitation, die die Beantwortung aller Subforschungsfragen betrifft, besteht darin, dass die Stichprobe nur sechs befragte Experten umfasst. Die Stichprobe ist daher möglicherweise nicht groß genug, um die Aussagen der Experten zu verallgemeinern (Döring, 2023, S. 5). Darüber hinaus haben die im Folgenden von den Experten genannten Herausforderungen und Lösungsansätze die Limitation, dass sie gegebenenfalls nicht auf jedes Projekt angewandt werden können, da sie aus den individuellen Erfahrungen der sechs Experten stammen. Sie können daher von Fall zu Fall variieren. Am Ende jedes Abschnitts werden Empfehlungen für weiterführende Forschungen gegeben, die an diese Arbeit anschließen sollten, um die noch bestehenden Forschungslücken zu schließen.

5.2.1 Subforschungsfrage 1: Architektonisches und städtebauliches Erbe

Zuerst wird die folgende Subforschungsfrage beantwortet: Weshalb sollte man das architektonische und städtebauliche Erbe eines Kirchenbaus erhalten, und wie geht dies trotz einer Umnutzung? Die Ergebnisse bestätigen den bestehenden Stand der Forschung, dass das architektonische und städtebauliche Erbe von Kirchengebäuden erhalten werden sollte. Hinsichtlich ihrer architektonischen Vielfalt und Qualität wurden, laut den Experten, Kirchen von namhaften Architekten entworfen und repräsentieren eine Vielzahl historischer Baustile. Diese Eigenschaften bestätigen die Bedeutung von Kirchen als Träger menschlicher Erinnerung und Identität, wie sie auch der Kunsthistoriker John Ruskin hervorhebt (Netsch, 2018, S. 3). Darüber hinaus zeigen sowohl der Forschungsstand als auch die Forschungsergebnisse, dass Kirchen durch ihre Höhe und ihre Türme als markante Wahrzeichen im Stadtraum fungieren (Löffler & Dar, 2022, S. 181 f.). Dies unterstreicht nochmals ihre Sichtbarkeit und symbolische Bedeutung im Stadtbild. Außerdem wird sowohl in vorheriger Forschung, als auch in den hiesigen Forschungsergebnissen, die ökologische Nachhaltigkeit der Bestandserhaltung gegenüber dem Neubau betont (Meys & Gropp, 2010b, S. 154). Diese Ergebnisse unterstützen somit die Argumentation für den Erhalt historischer Kirchengebäude als ressourcenschonende Maßnahme.

Das Hauptziel der Forschungsarbeit bestand bei dieser Subforschungsfrage jedoch darin, die Forschungslücke im Bereich der Lösungen für die Erhaltung dieses Erbes trotz Umnutzung zu schließen. Die Expertenmeinungen ergänzten sich bei der Suche nach Lösungen für die Erhaltung. Der Experte B3 empfahl zum Beispiel, die äußere Form und Silhouette der Kirchen möglichst unverändert zu lassen, um die architektonische Integrität zu erhalten. Darüber hinaus wurde von Experte B1 die Umsetzung reversibler Nutzungen empfohlen, um die historische Bausubstanz zu erhalten, ohne sie dauerhaft zu verändern. Mit diesen Maßnahmen als Beispielen, soll sichergestellt werden, dass dieses historische Erbe der Kirchengebäude erhalten wird und gleichzeitig an neue Nutzungen angepasst werden kann. Weiterhin ist aber jener Stand der Forschung zu beachten, der aussagt, dass fast jede Umnutzung bauliche Anpassungen erfordert, die folglich zu Eingriffen in die historische Bausubstanz führen können (Netsch, 2018, S. 44). Außerdem sind nur wenige Nutzungen ohne Umbauten möglich (Manschwetus & Damm, 2022, S. 4). Insbesondere kulturelle Nutzungen wie Museen oder Ausstellungsräume erfordern technische Modernisierungen und sicherheitstechnische Anpassungen, die das Erscheinungsbild der Kirche beeinträchtigen können (Meys & Gropp, 2010a, S. 81; Netsch, 2018, S. 66; Manschwetus & Damm, 2022, S. 12). Auch kommerzielle Umnutzungen müssen gesetzlichen Anforderungen genügen, was zu weiteren Veränderungen führen kann (Meys & Gropp, 2010b, S. 113). Die Nutzung als Büro oder Wohnraum erfordert häufig den Einbau zusätzlicher Geschosse und technischer Infrastrukturen, die das architektonische Erbe gefährden können (Netsch, 2018, S. 67 f.; Beste, 2014, S. 48). Auch soziale Nachnutzungen erfordern erhebliche Anpassungen, um die Räume funktional zu gestalten und technische Anforderungen wie Heizung und Sanitär zu erfüllen (Netsch, 2018, S. 65). Schon allein an diesen Beispielen wird deutlich, dass die Lösungsansätze der Experten zwar zielführend sein können, jedoch durch bauliche und rechtliche Anforderungen auf Widerstand treffen können. Für weiterführende Forschungen wäre es ratsam, die Effektivität und Umsetzbarkeit der vorgeschlagenen Lösungsansätze durch umfangreichere Fallstudien und empirische Untersuchungen zu validieren. Dabei könnte eine Betrachtung, die sowohl architektonische, ökologische als auch soziale Aspekte einbezieht von großem Nutzen sein, um ganzheitliche Lösungen für die Umnutzung von Kirchengebäuden zu entwickeln.

5.2.2 Subforschungsfrage 2: Nachnutzung

In diesem Abschnitt wird die zweite Subforschungsfrage dieser Arbeit beantwortet: Welche Nachnutzungen sind möglich und welche eignen sich am besten? Auch im Bereich der möglichen Nachnutzungen wurde der Stand der Forschung von den Experten bestätigt. Kulturelle Nachnutzungen, wie Konzertsäle und Veranstaltungsräume wurden sowohl im aktuellen Stand der Forschung als auch in aktuellen Forschungsergebnissen genannt (Meys & Gropp, 2010a, S. 81; Netsch, 2018, S. 65). Kommerzielle Nutzungen wie Restaurants, Kunstgalerien und gastronomische Betriebe wurden sowohl im Stand der Forschung als auch von Experten wie B1 erwähnt (Meys & Gropp, 2010b, S. 113). Soziale Nutzungen wie Kindergärten, Altenheime und soziokulturelle Zentren finden sich ebenfalls im Stand der Forschung als auch in den Forschungsergebnissen (Netsch, 2018, S. 82).

Interessanter wird es bei den Antworten der Experten auf die Frage, welche Nutzungen sich am besten eignen, insbesondere im Hinblick auf das Ranking der *Einfachheit*. Diese spezifische Beantwortung fehlt im aktuellen Stand der Forschung und stellt daher eine relevante Forschungslücke dar. Die Experten B3 und B2 waren sich einig, dass kulturelle Nutzungen am einfachsten umzusetzen seien, da sie geringere bauliche Veränderungen und Investitionskosten erforderten. Diese Einschätzung erscheint, der Aussage von B3 folgend, gerechtfertigt, da Kirchengebäude häufig bereits ohne größere Umbauten für kulturelle Aktivitäten wie Ausstellungen oder Veranstaltungen geeignet seien. B3 sah es außerdem als unproblematisch an, technische Infrastrukturen wie Heizungstechnik für kulturelle Zwecke einzubauen. Dennoch wies zum Beispiel B2 auf eine fehlende Nachfrage nach kulturellen Nutzungen hin, insbesondere in wohlhabenden Gemeinden, in denen bereits viele kulturelle Einrichtungen vorhanden seien. Auch die hohe Komplexität der Finanzierung für kulturelle Nutzungen wurde beispielsweise von Experte B6 als Schwierigkeit erwähnt. Demnach könnte die Finanzierungsproblematik und der Faktor der Konkurrenzangebote die vermeintliche Einfachheit kultureller Nachnutzungen in Frage stellen.

Demgegenüber sahen B1 und B6 kommerzielle Nutzungen als am einfachsten umsetzbar an, da diese oft mit geringem Umbauaufwand realisierbar seien. Diese Einschätzung könnte jedoch, wie B3 und B4 betonten, in Frage gestellt werden, da kommerzielle Nutzungen häufig mit rechtlichen Herausforderungen, erheblichen baulichen Veränderungen und hohen Anpassungskosten verbunden seien. B4 erwähnte demnach auch, dass die Rentabilität ein großes Problem bei den kommerziellen Nutzungen sei, und dass für Investoren vor allem ein günstiger Kaufpreis nötig sein müsste. Folglich stellen sowohl bauliche, rechtliche, als auch finanzielle Gründe das Top-Ranking einer kommerziellen Nutzung in Frage. Soziale Nutzungen wurden von B4 und B5 als am leichtesten umsetzbar angesehen, da sie dem ursprünglichen Zweck der Kirche entsprächen und gesellschaftlich akzeptiert seien. Diese Einschätzung wird durch ihre potenziell breite Akzeptanz gestützt, jedoch wurden von den Experten B2 und B3 die finanziellen Herausforderungen erwähnt, die die tatsächliche Umsetzung behindern könnten. Dazu sahen B1 und B2 die Schwierigkeit, dass die großen Kirchenräume von sozialen Nachnutzungen meist nicht ganz ausgenutzt werden könnten. Demnach ist die Bevorzugung der sozialen Nachnutzung fraglich, wenn es zu den Punkten Finanzierung und Auslastung der Räume kommt. Insgesamt erscheinen die Einschätzungen von B3 und B2 für kulturelle Nutzungen am plausibelsten, da sie die geringsten baulichen Veränderungen erfordern, jedoch bleibt weiterhin die Frage der finanziellen Herausforderungen. Die Einstufungen von B1 und B6 für kommerzielle Nutzungen erscheinen weniger überzeugend, da sie die rechtlichen, baulichen und finanziellen Hürden möglicherweise unterschätzen. Die Ansichten von Experten B4 und B5, dass soziale Nutzungen an erster Stelle des Rankings stehen, könnte aufgrund finanzieller und infrastruktureller Hürden fraglich sein und verspricht zudem möglicherweise nicht mal eine optimale Auslastung des Kirchenraums.

Weiterführende Forschungen sollten die praktische Umsetzbarkeit der verschiedenen Nachnutzungen für Kirchengebäude genauer untersuchen. Dabei sollten auch die finanziellen, rechtlichen und baulichen Herausforderungen, die mit kulturellen, kommerziellen und sozialen Nutzungen einhergehen, in einer vertieften Analyse untersucht werden. Hilfreich könnte dabei sein, eine große Anzahl schon bereits umgenutzter Kirchen zu betrachten.

5.2.3 Subforschungsfrage 3: Religiöse Bedenken & gesellschaftliche Widerstände

Die dritte Subforschungsfrage ist: Welche religiösen Bedenken und Widerstände aus der Gesellschaft könnten auftreten, und wie geht man damit um? Die Forschungsergebnisse dieser Arbeit bestätigen weitgehend den Stand der Forschung zu den kirchlichen und gesellschaftlichen Bedenken bei der Umnutzung von Kirchengebäuden. Experte B2 bestätigte, dass das Konzept der *Angemessenheit* einer neuen Nutzung, welches auch im Forschungsstand behandelt wurde, ein relevantes Thema der kirchlichen und gesellschaftlichen Bedenken ist (Beste, 2014, S. 62. Die Experteninterviews bestätigen also, dass kirchliche Anliegen, wie die Wahrung der sakralen Bedeutung und die Ablehnung bestimmter Nutzungen, wie im Extremfall Swingerclubs, ein wichtiger Aspekt sind (Beste, 2014, S. 62). Gesellschaftliche Bedenken, darunter die Bindung persönlicher und kultureller Werte an Kirchengebäude sowie Akzeptanzprobleme bei kommerziellen Nutzungen, werden ebenfalls von Experten und Forschungsstand betont (Baukultur Bundesstiftung, 2018, S. 171). Neuere Erkenntnisse aus den Experteninterviews umfassen spezifische Ängste vor der Nutzung durch den Islam sowie bestimmten Vergnügungsstätten in Wohngebieten.

Bei der Frage, welche Nutzungen am ehesten auf kirchliche und soziale Bedenken stoßen, waren sich die meisten Experten einig, wie aus den Ergebnissen der Forschung hervorgeht. Allerdings stach vor allem der Immobilienmakler B6 mit seiner Meinung hervor, der Wohnungen und Büros als eher akzeptierte Nutzungen nannte, während soziale Einrichtungen wie Suppenküchen und Drogenberatungsstellen seiner Meinung nach auf weniger Zustimmung stoßen könnten. Diese Sichtweise steht im Kontrast zu den anderen Experten. Die Aussage von B6 widerspricht außerdem dem Stand der Forschung, da dort vor allem soziale Nutzungen, wie beispielsweise Suppenküchen, als sehr akzeptiert gelten. Diese unterschiedlichen Perspektiven könnten jedoch darauf zurückzuführen sein, dass der Immobilienmakler in erster Linie wirtschaftliche Faktoren berücksichtigt, während die anderen Experten die kulturelle und spirituelle Bedeutung der Kirchengebäude in den Vordergrund stellen.

Eine neue, im Forschungsstand noch nicht ersichtliche, Erkenntnis ist, dass es laut den verschiedenen Experten Unterschiede bei den Bedenken zwischen der Kirchengemeinde, bei denen die Umnutzung stattfindet, und der allgemeinen Bevölkerung gibt. Während sich ein Berater und zwei Professoren einig waren, dass es zwischen der Kirchengemeinde und allgemeinen Bevölkerung Unterschiede bezüglich der Bedenken gäbe, wies B5 sogar darauf hin, dass die Kirchengemeinde aus seiner Erfahrung offener für Veränderungen sei als die allgemeine Bevölkerung.

Die Einschätzung von B6, dass die Unterschiede gering seien, steht in dieser Diskussion im Widerspruch zu den meisten Expertenaussagen und könnte auf eine unterschiedliche Wahrnehmung oder unterschiedliche Projekterfahrungen hinweisen. Das Beispiel des Architekten B3 zeigt zudem, dass es Situationen gibt, in denen die Kirchengemeinde für eine Umnutzung eher bereit ist als die allgemeine Bevölkerung, was die Aussage des Dekans B5 bestärkt. Aus den Expertenmeinungen kann man folgern, dass dieser Unterschied in den Bedenken wahrscheinlich von den örtlichen Gegebenheiten und dem Projekt abhängig ist.

Weitere neue Erkenntnisse aus dieser Forschung sind die Lösungsansätze, die empfohlen werden, um mit den Bedenken der Kirche und der Gesellschaft umzugehen. Der Architekt B3, der Berater B2 und die beiden Professoren B1 und B4 empfahlen alle eine Beteiligung der Bevölkerung durch Bürgerversammlungen, eine transparente Informationspolitik und ein frühzeitiges Eingehen auf Bedenken bei gleichzeitiger Kommunikation der Vorteile der Umnutzung. Darüber hinaus betonte der Immobilienmakler B6 rechtliche Aspekte und klare Vereinbarungen, um unerwünschte Nutzungen zu verhindern und flexibel auf gesellschaftliche Bedenken zu reagieren, während der Dekan B5 den offenen Dialog mit Interessengruppen betonte. Kritisch anzumerken ist jedoch, dass es trotz dieser Maßnahmen zu Interessenskonflikten zwischen den verschiedenen Akteuren kommen könnte, insbesondere bei der praktischen Umsetzung und der Priorisierung einzelner Aspekte. Darüber hinaus kann die Wirksamkeit der vorgeschlagenen Lösungen, je nach lokalen Gegebenheiten, variieren. Einige Projekte könnten, abhängig von der Bevölkerungszahl und der örtlichen Kirchengemeinde, von den Ansätzen mehr profitieren als andere.

Um bestehende Forschungslücken zu schließen, sollten zukünftige Studien die verschiedenen Bedenken zwischen Kirchengemeinden und der allgemeinen Bevölkerung weiter untersuchen. Zudem wäre es von Bedeutung, die vorgeschlagenen Lösungsansätze, wie etwa Bürgerversammlungen und eine transparente Informationspolitik, in der Praxis zu testen und deren Wirksamkeit in unterschiedlichen Kontexten zu evaluieren. Darüber hinaus könnten spezifische Bedenken und Akzeptanzprobleme bei den diversen Nachnutzungen vertieft erforscht werden.

5.2.4 Subforschungsfrage 4: Finanzielle und bauliche Herausforderungen

In diesem Abschnitt wird folgende Subforschungsfrage beantwortet: Welche finanziellen und baulichen Herausforderungen können auftreten, und wie bewältigt man diese? Sowohl der Stand der Forschung als auch die Ergebnisse der Forschung dieser Arbeit haben die hohen Kosten einer Umnutzung als wesentliche finanzielle

Herausforderung gekennzeichnet. Die neuen Forschungsergebnisse bestätigen weitgehend den aktuellen Stand der Forschung in Bezug auf die hohen Kosten bei der Umnutzung von Kirchengebäuden. Sie weisen aber auch auf zusätzliche Kostenfaktoren hin, die in dem bisherigen Forschungsstand nicht umfassend behandelt wurden. Experte B2 und Architekt B3 erwähnten, dass hohe Kosten für Gerüste und Baustelleneinrichtungen entstehen könnten. Der Berater B2 betonte, dass höhere Materialkosten durch strenge Denkmalschutzauflagen entstehen könnten. Zudem waren sich die drei Experten B1, B2 und B3 einig, dass enorme Kosten durch eine ineffiziente Dämmung eines Kirchengebäudes entstehen könnten. Auch Dekan B5 sagte, dass der Erhalt oder die Integration sakraler Objekte Kosten seien, die bei anderen Umnutzungsprojekten nicht anfielen. Zuletzt brachte Professor B4 auf, dass es komplexe Eigentumsstrukturen und Finanzierungsquellen gäbe, die erst gelöst werden müssten.

Eine weitere finanzielle Herausforderung ist die Entscheidung, ob ein Abriss des Kirchengebäudes günstiger ist als die Umnutzung. Welche Faktoren dies bestimmen, wurde von den Experten in den Forschungsergebnissen aufgezeigt und stellt auch neue Erkenntnisse dar. Zunächst ist das Verhältnis von Grundstücks- zu Sanierungskosten von zentraler Bedeutung. Laut Experte B1 können hohe Grundstückskosten einen Abriss und Neubau wirtschaftlich attraktiver machen, insbesondere in innerstädtischen Lagen. Diesem Faktor stimmte auch der Architekt B3 zu, indem er darstellte, dass die Kirchengemeinden die Kirchen so günstig wie möglich verkaufen sollten, um eine Umnutzung für einen Investor attraktiver gestalten zu können. Ein weiterer wichtiger Faktor ist laut B3 der Denkmalschutz, welcher steuerliche Vorteile ermögliche, die bei einer Umnutzung in Anspruch genommen werden können und somit die Gesamtkosten beeinflussen. Laut dem Experten B2 könnte ein zukünftig zunehmend relevanter Faktor die Erhaltung der grauen Energie sein, also der im Gebäude gebundenen CO_2-Menge, die sich positiv auf die Gesamtbilanz einer Umnutzung auswirken könne. Dieser Aspekt wurde auch von dem Professor B4 genannt. Dieser sagte aber auch, dass er es als unwahrscheinlich ansieht, dass eine Umnutzung kostengünstiger ist. Vielmehr sah er den Abriss als günstiger an und würde zu derzeitigen Gegebenheiten das Kirchengebäude abreißen und etwas neu bauen. Der Umnutzung steht außerdem, laut dem Dekan B5, immer noch der Fakt gegenüber, dass die Kosten für die Umnutzung und Instandhaltung bei denkmalgeschützten Gebäuden oft hoch seien, insbesondere bei Heizungs- und Isolierungsproblemen. Die genannten Faktoren müssten dann im Einzelfall abgewogen werden, um entscheiden zu können, ob sich die Umnutzung finanziell mehr lohnt als der Abriss.

Die letzte finanzielle Herausforderung, die in dieser Forschungsarbeit angesprochen wird, ist die Schwierigkeit, den Verkehrswert eines Kirchengebäudes zu bestimmen. Ansätze dafür wurden auch schon in der bisherigen Forschung aufgefasst. Die Ertragswertmethode wurde von dem Architekten B3 für kommerzielle Nutzungen bevorzugt. Wie aus den in dieser Arbeit erbrachten Forschungsergebnissen hervorgeht, hielten auch weitere Experten die Methode für gut geeignet, da sie den möglichen Ertrag aus Vermietung oder Verkauf berücksichtige. Der Stand der Forschung bestätigt die Anwendbarkeit der Ertragswertmethode. Jedoch sind weitere Herausforderungen zu beachten, die im Forschungsstand hervorgehoben wurden. Darunter beispielsweise die spezifischen Bewirtschaftungskosten und das höhere Mietausfallrisiko bei Denkmälern, die bei der Verwendung dieser Methode beachtet werden müssen (gif, 2007, S. 25). Des Weiteren wurde auch die Sachwertmethode erwähnt, welche laut dem Architekten B3 für soziale und kulturelle Zwecke vorgesehen sein sollte. Wie die Experten außerdem betonen, ist diese Methode geeignet, da sie den materiellen und emotionalen Wert berücksichtige. Der Stand der Forschung zeigt, dass diese bereits angewandt wird und auch dann geeignet ist, wenn mit der Immobilie keine angemessene Rendite angestrebt wird. (Bienert & Wagner, 2018, S. 17; Cajias & Käsbauer, 2016, S. 884). Dieselben Forscher betiteln die Methode jedoch gleichzeitig auch als problematisch, da keine denkmaltypischen Kosten beziehungsweise Marktanpassungsfaktoren vorliegen. Historische Herstellungskosten sind außerdem schwer zu ermitteln und häufig wurden bei solchen Gebäuden Bauweisen angewandt, die heute nicht mehr gebräuchlich sind (gif, 2007, S. 24). Diese Herausforderungen müssen bei der Wahl dieser Methode berücksichtigt werden, um sicherzustellen, dass die Bewertung nicht durch ungenaue Kostenannahmen verzerrt wird. Im Gegenzug zu den bisher genannten Methoden wurde die Vergleichswertmethode von allen Experten als ungeeignet angesehen. Wie aus den Forschungsergebnissen hervorgeht, sei sie aufgrund fehlender Vergleichsobjekte problematisch und aufgrund der Seltenheit vergleichbarer Objekte nicht sinnvoll. Der Stand der Forschung bestätigt, dass die Vergleichswertmethode für denkmalgeschützte Kirchen in der Regel nicht anwendbar ist, da es keine vergleichbaren Vergleichsobjekte gibt und nur wenige Transaktionen stattgefunden haben (Cajias & Käsbauer, 2016, S. 884; gif, 2007, S. 23; Bienert & Wagner, 2018, S. 85).

Wie auch in der Ergebnisdarstellung aufgezeigt wurde, erwähnte der Immobilienmakler B6 die Liquidationswertmethode, wies jedoch darauf hin, dass sie, abgesehen von Abrissen oder irreparablen Schäden, bei denkmalgeschützten Gebäuden selten zur Anwendung komme. Zuletzt wurde auch noch die Residualwertmethode durch den Architekten B3 erwähnt. Er gab an, den Bodenwert anhand des Bodenrichtwertes der Umgebung zu ermitteln. Der Residualwert ergäbe sich dann aus der Ausnutzbarkeit des Grundstücks, insbesondere durch die Erhöhung der GFZ und die Möglichkeit der Aufstockung um mehrere Geschosse, was zu einer deutlichen Wertsteigerung der Kirchenimmobilie führe. Wie aus den Ergebnissen der Forschung hervorgeht, sah der Architekt aber weiterhin den Ertragswert daneben für notwendig an, da dieser für eine Finanzierung von der Bank notwendig sei. Im Stand der Forschung wird diese Methode für sanierungsbedürftige, denkmalgeschützte Gebäude mit geplanter Nachnutzung als geeignet angesehen (gif, 2007, S. 26; Bienert & Wagner, 2018, S. 85). Kritisch anzumerken ist jedoch weiterhin, dass das Ergebnis keinen Verkehrswert darstellt, sondern lediglich den Preis, den ein interessierter Investor zahlen würde (gif, 2007, S. 26). Die Residualwertmethode sollte also ergänzend zur Ermittlung des potenziellen Wertes bei Nachnutzung eingesetzt werden. Eine Kombination mit der Ertragswertmethode ist also sinnvoll, da diese realistische Ertragsprognosen liefert und somit hilft, die Umnutzung für die Finanzierung durch die Bank wirtschaftlich realistisch darzustellen.

Wie in Abschn. 5.2.1 auf die baulichen Herausforderungen hingewiesen wurde, die den Erhalt des architektonischen und städtebaulichen Erbes erschweren, zeigen die Forschungsergebnisse weitere Herausforderungen auf, die eine Umnutzung auch baulich erschweren können. Experte B1 nannte die Konflikte zwischen den Anforderungen von Brandschutz, Fluchtweganforderungen und Denkmalschutz als zentrale bauliche Herausforderung. Auch Experte B2 betonte die Schwierigkeiten des Denkmalschutzes und die Notwendigkeit einer speziellen Vorgehensweise für die Integration von Strukturelementen, aufgrund der beschränkten Zugangsmöglichkeiten des Kirchenraums. Energetische Anpassungen und bauphysikalische Herausforderungen wurden von B4 auch als weitere Schlüsselfaktoren genannt. Genauso wie B2, verwies auch B3 auf die logistischen Herausforderungen beim Umbau von Kirchenräumen und die komplexen nötigen Anpassungen im Innenraum, insbesondere bei der Integration von Nebenräumen.

Die Forschung dieser Arbeit hat aber vor allem neue Erkenntnisse zum Umgang mit diesen baulichen Herausforderungen gebracht. Die Experten haben einige Lösungsansätze aufgezeigt: Zur Bewältigung der baulichen Herausforderungen bei der Umnutzung von Kirchen wurde von B3 und B5 die Expertise erfahrener Architekten hervorgehoben. Diese könnten die historische Substanz erhalten und gleichzeitig die funktionalen Anforderungen der neuen Nutzung erfüllen. Diese Herangehensweise ist vielversprechend, da solche Fachleute kreative und respektvolle Lösungen entwickeln können, aber es kann sein, dass möglicherweise nicht alle baulichen Probleme gelöst werden können. Ein weiterer Lösungsansatz sei das Abtragen und Erneuern maroder Dächer, um die Bausubstanz zu erhalten und notwendige Reparaturen durchzuführen. Dies birgt aber die Gefahr, dass historische Dachkonstruktionen verloren gehen. Des Weiteren empfahl B4 den Einbau von Zwischendecken oder Haus-in-Haus-Systemen, um die großen Raumvolumina der Kirchen in kleinere nutzbare Einheiten zu unterteilen und die Energieeffizienz zu verbessern. Diese Lösung ist praktisch, kann aber die ursprüngliche Architektur und Raumwirkung erheblich verändern, was als Nachteil zu werten ist. Ein weiterer Aspekt, den der Professor B4 hervorhob, ist die Anpassung von Fenstern und Lüftungssystemen durch den möglichen Einbau von Gauben oder anderen konstruktiven Elementen, um Probleme der Belichtung und Belüftung zu lösen. Dies kann die Nutzbarkeit und den Komfort der umgenutzten Kirche erheblich verbessern, birgt aber die Gefahr, dass historische Fenster wegfallen und das äußere Erscheinungsbild der Kirche verändert wird. Zuletzt hatte Experte B1 den Lösungsvorschlag eingebracht Ausnahmeregelungen und Verhandlungen mit den zuständigen Behörden zu nutzen, um kreative bauliche Lösungen zu entwickeln, die die historische Bausubstanz respektieren und den neuen Nutzungsanforderungen gerecht werden. Diese Verhandlungen können flexible Lösungen ermöglichen, könnten aber langwierig kompliziert sein und führen möglicherweise nicht immer zum gewünschten Ergebnis. Des Weiteren könnte es sein, dass wenig Verhandlungsspielraum in dem Gespräch mit den zuständigen Behörden existiert.

Bei weiterführender Forschung sollten drei Schwerpunkte besondere Berücksichtigung finden. Zunächst ist eine detaillierte Analyse der konkreten Kosten bei Umnutzungen erforderlich, die auf praktischen Beispielen basiert. Darüber hinaus sollten mittels Fallstudien und Wirtschaftlichkeitsberechnungen die Bedingungen ermittelt werden, unter denen eine Umnutzung kostengünstiger oder teurer ist als ein Abriss. Zusätzlich wäre es von Bedeutung, verschiedene Umnutzungsprojekte von Kirchen für kulturelle, kommerzielle und soziale Zwecke hinsichtlich der angewandten Bewertungsmethoden beim Verkauf zu untersuchen, um die marktgängigste Methode zu identifizieren. Dies könnte auf Basis umfangreicher Praxisbeispiele erfolgen.

5.2.5   Subforschungsfrage 5: Denkmalschutz und rechtliche Limitationen

Im letzten Abschnitt geht es um die Beantwortung der Frage: Wie schränken der Denkmalschutz und weitere rechtliche Regelungen die Kirchenumnutzung ein, und wie geht man damit um? Bezüglich der Einschränkungen bestätigen die Experten größtenteils den Stand der Forschung. Sowohl aus den Experteninterviews als auch aus dem Forschungsstand geht hervor, dass der Denkmalschutz die Anpassung an neue Nutzungen erheblich erschwert. So betonten B2, B3 und B4, dass der Denkmalschutz die Möglichkeiten der Umnutzung stark einschränke, indem er den Erhalt der äußeren Form und der architektonisch prägenden Merkmale fordere. Dies deckt sich mit dem bisherigen Stand der Forschung (Manschwetus & Damm, 2022, S. 4). Außerdem erwähnte B4, dass die strengen Auflagen des Denkmalschutzes zu erheblichen finanziellen Belastungen führen könnten, die potenzielle Investoren abschrecken. Auch dies findet sich im aktuellen Forschungsstand wieder, die die finanziellen und administrativen Herausforderungen betont (Beste, 2014, S. 55). Neue Erkenntnisse aus den Experteninterviews, die noch nicht im Stand der Forschung genannt wurden, kommen von den Experten B1 und B5. Laut B1 erwartet die Denkmalpflege die Reversibilität von Umbauten bei Umnutzung. Außerdem gab der Experte an, dass die Denkmalpflege zum Teil unflexibel sei, wenn Kompromisse gefunden werden müssen. Des Weiteren betonte ein Dekan, dass ohne Zustimmung des Denkmalschutzamtes keine Veränderungen vorgenommen werden dürfe, was die Umnutzung erheblich einschränke. Er führte dazu als Beispiel an, dass die Denkmalpflege ein Projekt der Caritas für betreutes Wohnen und Pflegestationen verhindert habe, da der Erhalt des Kirchengebäudes als wertvoller erachtet wurde.

Im Umgang mit den Auflagen des Denkmalschutzes wird laut B3 die Kompetenz erfahrener und kreativer Architekten benötigt, die auch von der Denkmalpflege respektiert sind. Diese sollen in der Lage sein, sowohl die historische Substanz zu erhalten, aber auch mit den Behörden Verhandlungen führen zu können. Während dies ein guter Ansatz sein könnte, bleibt die Frage, ob es genug Architekten gibt, die sich auf die Spezialimmobilie Kirche spezialisiert haben. Die Auswahl und Beauftragung solcher Architekten können zudem aufwendig sein und die finanziellen Belastungen weiter erhöhen, wie bereits im Stand der Forschung erwähnt (Raabe, 2015, S. 23). B3 schlug auch vor, in Verhandlungen mit Denkmalschutzbehörden den Abriss als Drohkulisse einzusetzen, um Verhandlungsspielraum zu schaffen. Dieses Vorgehen könnte kurzfristig Druck auf die Behörden ausüben, birgt aber die Gefahr, das Vertrauensverhältnis zu beschädigen und könnte zu einer Verschärfung der Vorschriften führen. Des Weiteren äußerte der Professor B4, dass Denkmalpfleger kulturelle und soziale Nutzungen nicht nur zulassen, sondern sogar fördern können. Er empfahl daher Nutzungen, die den Wert der Kirche als kulturellen und sozialen Mehrwert anerkennen. Dies ist möglicherweise ein nützlicher Ansatz, da solche Nutzungen eher im Einklang mit den Zielen des Denkmalschutzes stehen. Allerdings bleibt die Frage, ob diese Nutzungen finanziell tragfähig sind und den langfristigen Erhalt der Gebäude sichern können, wie auch von Professor B4 erwähnt wurde. Nach Ansicht des Dekans B5 ist ein kontinuierlicher Dialog mit den relevanten Akteuren wie Stadt, Gemeinde und Denkmalamt entscheidend, um eine Balance zwischen den Anforderungen des Denkmalschutzes und den Bedürfnissen der neuen Nutzung zu finden. Diese kooperative Herangehensweise wurde auch von dem Immobilienmakler B6 unterstützt, der betonte, dass ein Architekt mit der notwendigen sozialen Kompetenz notwendig sei, um mit den Denkmalschutzbehörden zusammenzuarbeiten und

mögliche Lösungen zu erarbeiten. Dieser Lösungsansatz könnte bei der Bewältigung dieser Herausforderung einen Beitrag leisten, kann aber zeitaufwändig sein
und erfordert ein hohes Maß an Kommunikation und Kompromissbereitschaft.
Letzteres ist als kritisch anzusehen, da zum Beispiel Experte B1 betonte, dass die
Denkmalpflege manchmal ein wenig unbeweglich sei.

Hinsichtlich der Einschränkung einer Umnutzung durch bau- und planungsrechtliche Vorschriften bestätigten die Experten den Stand der Forschung. Der Experte B3 erwähnte die Herausforderung durch Vorschriften wie Statik, Brandschutz, Schallschutz, Wärmeschutz, Planungsrecht, Emissionsschutz, die Ver-
sammlungsstättenverordnung und Stellplatzvorschriften. Dies wurde im Stand der
Forschung betont (Beste, 2014, S. 49; Meys & Gropp, 2010b, S. 89). Die Notwendigkeit ausreichender Parkmöglichkeiten und die Problematik, dass historische
Kirchenstandorte oft nicht für moderne Verkehrsströme ausgelegt seien, wurde von
B3 genannt und hebt sich auch aus dem Stand der Forschung hervor (Beste, 2014,
S. 49). Auch die Experten B2 und B1 stimmen mit dem Stand der Forschung und
überein, dass Stellplatzsatzungen und Versammlungsstättenverordnungen Herausforderungen darstellen können (Beste, 2014, S. 49). Auch die Notwendigkeit von
Bebauungsplanänderungen wurde sowohl in den Experteninterviews von den Experten B4 und B6, als auch im Forschungsstand thematisiert (Beste, 2014, S. 49).
Es gibt auch neue Erkenntnisse, die aus dem Stand der Forschung nicht hervorge-
hen. So betonte beispielsweise der Architekt B3, dass in Bezug auf das Planungsrecht auch Art und Maß der baulichen Nutzung beachtet werden solle, also beispielsweise die GFZ. Er sagte, dass die Herausforderung darin bestehe, präzise pla-
nen zu können und mit den Behörden zusammenarbeiten zu können. Außerdem
hob der Experte B6 hervor, dass insbesondere bei kommerziellen Nutzungen oft
eine Änderung des Bebauungsplans erforderlich sei, was kompliziert und zeitaufwändig sein könne. Eine weitere neue Erkenntnis kommt auch von dem Dekan B5,
der ergänzte, dass die Statik der Kirche eine kritische Rolle spiele. Er nannte auch
ein konkretes Beispiel, bei dem der Bau einer Tiefgarage aufgrund der Gefahr für
die strukturelle Integrität des Turms nicht möglich sei.

Die Forschungsergebnisse zeigen auch Lösungsansätze für den Umgang mit
bau- und planungsrechtlichen Herausforderungen auf. Wie bereits erwähnt, betonte Experte B3 die Bedeutung einer präzisen Planung und einer transparenten
Zusammenarbeit mit den Behörden, einschließlich der Möglichkeit von Verhandlungen. Als Beispiel nannte er die Reduzierung der Stellplatzanforderungen
bei guter Verkehrsanbindung. Experten B1 und B2 gingen sogar einen Schritt weiter und schlugen vor, die Stellplatzverordnung generell anzupassen, um Ausnahmen speziell für denkmalgeschützte Gebäude zu ermöglichen. Diese Lösung ist
auch laut Experte B2 zwar möglich, jedoch sagte er, dass es nur wenige Beispiele
gibt, bei denen dies funktioniert hat. Das könnte darauf hindeuten, dass dieser An-

satz nicht immer funktioniert, oder nur selten angegangen wird. Der Experte B6 äußerte sogar, dass es bei Kirchen schon genügend Parkmöglichkeiten gäbe und dass die ÖPNV-Anbindung auch oft gut sei. Bei kleinen Gemeinden erwähnte auch B1, dass die Besucher ansonsten auf andere Parkplätze in der Nähe ausweichen könnten. Beide Ansätze sind aber als kritisch anzusehen, vor allem wenn sich das Gebäude in einem dicht bebauten Gebiet befindet, die Kirche keine gute ÖPNV-Anbindung hat oder wenn eben nicht genügend Parkplätze vorhanden sind, wie B6 gemeint hatte. Zur Lösung der Brandschutzauflagen empfahl der Architekt B3 moderne Baumaterialien wie feuerfeste Betondecken, während B2 technische Lösungen wie Sprinkleranlagen vorschlug. Letzteres könnte jedoch sehr kostspielig werden und wurde von B2 selbst auch als unschöne Lösung angesehen. Außerdem könnten beide Lösungen zu einem Verlust der historischen Bausubstanz führen. Genauso wie andere Experten erwog B4, dass man mit den Behörden eine intensive Kommunikation führen solle, um mehr Flexibilität bei der Anpassung von Vorschriften zu erreichen. Des Weiteren wies Experte B3 darauf hin, dass für soziale oder kulturelle Nutzungen möglicherweise Sondergenehmigungen einfacher zu erhalten seien als für kommerzielle Projekte. Beide Ansätze könnten zwar einen Beitrag dazu leisten Vorschriften flexibler anzugehen, jedoch äußert Experte B1, dass es baurechtliche Regelungen gäbe, wie beispielsweise den Brandschutz um die man auch trotz Verhandlungen nicht herumkommen könne. Zuletzt ist noch der Ansatz von dem Professor B4 zu nennen: Er nannte auch die Nutzung von Best-Practice-Beispielen und spezialisierten Teams als Lösung, um die Effizienz der Umnutzungen zu verbessern. Hier steht aber die grundlegende Kritik im Raum, dass jedes Projekt unterschiedlich ist und es fraglich ist, ob diese Beispiele auf andere Umnutzungen Rückschlüsse bringen können.

Die Experten bestätigten auch den Stand der Forschung bezüglich der rechtlichen Mittel, die die Kirche einsetzen kann, um mögliche Nachnutzungen einzuschränken. Experten B2, B3 und B5 betonten, dass Nutzungseinschränkungen und Rückauflassungs-vormerkungen zentral seien, um sicherzustellen, dass die neue Nutzung den katholischen Werten entspricht und der Zustimmung der Kirchengemeinde bedarf. Dies ergibt sich auch aus dem Stand der Forschung (Meys & Gropp, 2010b, S. 159; Sekretariat der Deutschen Bischofskonferenz, 2019, S. 13; Beste, 2014, S. 59). Darüber hinaus äußerte Experte B1, dass die Kirche sowohl privatrechtliche als auch öffentlich-rechtliche Mittel zur Nutzungseinschränkung nutzen könne und im Rahmen des Privatrechts die Möglichkeit bestehe, Auflagen im Kaufvertrag zu erteilen. Auch dies entspricht dem Stand der Forschung (Meys & Gropp, 2010b, S. 159; Sekretariat der Deutschen Bischofskonferenz, 2019, S. 13) Eine neue Erkenntnis, die nicht im Stand der Forschung erwähnt wurde, ist jedoch die Möglichkeit, den Bebauungsplan im öffentlichen Recht zu nutzen, um die Nutzung auf kirchliche, soziale oder kulturelle Zwecke zu beschränken.

Neu sind auch die Vorschläge der Experten, wie mit den rechtlichen Einschränkungen der Kirche umgegangen werden könne. Die Experten B2, B3, B4 und B6 erwähnten alle, dass eine gute, offene Kommunikation zwischen der Kirche und dem neuen Eigentümer nötig sei und ein Vertrauensverhältnis vorhanden sein solle. Der Ansatz ist notwendig, kann aber nur funktionieren, wenn sich der Eigentümer an die Vereinbarungen hält. Damit dies geschieht, äußerte der Dekan B5, dass die Vereinbarungen zwischen den zwei Parteien klar getroffen werden müssen, damit sich unter anderem der Eigentümer diesen bewusst sei. Der Architekt B3 erwähnte auch, dass auch mit den anmietenden Geschäftspartnern des Eigentümers klare Verträge geschlossen werden sollten, damit die Vereinbarungen mit der Kirche eingehalten werden können. B6 ging sogar einen Schritt weiter und sagte, dass die geplante Nutzung angepasst werden sollte, wenn Proteste aufkommen könnten. Zuletzt ist auch erwähnenswert, dass der Berater B2 meinte, dass die rechtlichen Mittel der Kirche nach dem zweiten, dritten oder vierten Weiterverkauf eines Kirchengebäudes zwischen Investoren auch an Wirkung verlieren könnten. Dadurch könnten Nutzungen realisiert werden, die von der Kirche eigentlich nicht gewollt sind. Letzteres ist jedoch kritisch anzusehen, da es das Vertrauensverhältnis der neuen Eigentümer zur Kirche und die gesellschaftliche Akzeptanz in das Projekt beeinträchtigen könnte. Der Berater sah dies ebenfalls als Problem und verwies auf ein Beispiel, bei dem eine evangelische Kirche in eine Moschee umgewandelt wurde. Diese Umwandlung habe jedoch zu einer positiven Entwicklung geführt, da die evangelische Kirche dadurch mit der muslimischen Gemeinde in Kontakt gekommen sei.

Es ist erforderlich, dass weiterführende Forschungen drei Punkte weiter erforschen, um die Defizite dieser Forschung zu lösen: Erstens ist notwendig, dass sie bisherige Umnutzungen auf weitere Einschränkungen durch rechtliche Regelungen und den Denkmalschutz untersuchen. Darüber hinaus müssen die von den Experten vorgeschlagenen Lösungsansätze im Umgang mit Denkmalbehörden und rechtlichen Vorgaben anhand verschiedener Fallbeispiele getestet und analysiert werden, um zu sehen, ob diese auch in der Praxis Anwendung finden können. Ein letzter, wichtiger Forschungsbereich ist die Untersuchung der Lösungsansätze der Experten, wie Investoren mit den rechtlichen Einschränkungen umgehen, die von der Kirche auferlegt werden. So lässt sich auch dort herausfinden, ob diese in der Realität umsetzbar sind.

Fazit und Ausblick 6

Die durchgeführte Forschung hat relevante Erkenntnisse gewonnen und einen konstruktiven Beitrag zur Beantwortung der Subforschungsfragen geleistet. Zusammengefasst zeigt sich, dass man das architektonische und städtebauliche Erbe erhalten sollte, da Kirchengebäude aufgrund ihrer architektonischen Vielfalt, ihrer Rolle als markante Wahrzeichen und ihrer ökologischen Nachhaltigkeit bedeutend sind. Dies lässt sich am besten erreichen, indem die Silhouette der Kirchen unverändert bleibt und die Umnutzung reversibel gestaltet wird. Die Forschung sieht zudem die kulturelle Nachnutzung trotz der Herausforderungen als am besten geeignet an, wie auch Experten bestätigen. Kirchliche und gesellschaftliche Bedenken betreffen Nutzungen, die mit dem sakralen Charakter der Kirchen unvereinbar sind. Hier wird empfohlen, Interessengruppen frühzeitig einzubinden und eine transparente Informationspolitik zu betreiben. Auch die hohen Kosten bei einer Umnutzung wurden thematisiert, einschließlich der Ausgaben für Gerüst und Baustelleneinrichtungen, Materialkosten durch den Denkmalschutz und Betriebskosten. Wertvoll ist auch zu wissen, welche Faktoren bestimmen, ob eine Umnutzung günstiger ist als ein Abriss. Diese wären das Verhältnis von Grundstücks- zu Sanierungskosten, der Zustand des Gebäudes sowie der Einfluss des Denkmalschutzes und potenziell zukünftige ökologische Faktoren wie die graue Energie. Aus dieser Forschung konnte auch geschlussfolgert werden, welche Bewertungsmethode für die Bewertung einer Kirche am geeignetsten ist. Von den meisten befragten Experten wird die Ertragswertmethode empfohlen. Die Sachwertmethode wäre auch geeignet, wenn die Nachnutzung keine angemessene Rendite anstrebt und die Residualwertmethode sollte in Kombination mit der Ertragswertmethode verwendet werden.

C. von Rheinbaben, T. Glatte, *Umnutzung von Sakralbauten*, Studien zum nachhaltigen Bauen und Wirtschaften, https://doi.org/10.1007/978-3-658-47023-4_6

Die letzte finanzielle Herausforderung, die in der Forschung behandelt wurde, sind die baulichen Hürden. Hervorzuheben sind dabei die genannten Herausforderungen, die sich durch rechtliche Anforderungen ergeben, bauphysikalische und logistische Herausforderungen beim Umbau. Um mit diesen Problemen gut umgehen zu können, gehen aus der Forschung drei wesentliche Lösungsansätze hervor. Für die Umnutzung sollte ein erfahrener Architekt herangezogen werden, der mit der historischen Bausubstanz und den funktionalen Anforderungen gut umgehen kann. Um das logistische Problem im Bau zu lösen, könnten marode Dächer abgetragen und erneuert werden und gleichzeitig in diesem Prozess die notwendigen Reparaturen und Umbauten durchgeführt werden. Umbaulösungen könnten zum Beispiel Haus-in-Haus-Systeme sein oder das Einbauen von verschiedenen konstruktiven Elementen. Weiter bekannt ist, dass der Denkmalschutz die Umnutzung erheblich erschwert, genauso wie die bau- und planungsrechtlichen Regelungen. Die Forschungsergebnisse setzen bei beiden Problemfeldern im Wesentlichen auf die Lösung der offenen, transparenten, kontinuierlichen und vertrauensvollen Kommunikation mit den Behörden. Außerdem sollte ein erfahrender Architekt involviert sein, der präzise plant und in der Lage ist Lösungen mit den Behörden auszuhandeln, um dadurch auch kreative Lösungen möglich zu machen. Im Extremfall könnte der Denkmalpflege auch mit dem Abriss gedroht werden, um mehr Verhandlungsspielraum zu schaffen. Empfohlen werden kulturelle und soziale Nutzungen, wenn es darum geht, von der Denkmalpflege Förderungen zu bekommen und Sondergenehmigungen aus bau- und planungsrechtlicher Richtung zu erhalten. Die rechtlichen Mittel, die die Kirche einsetzt, wie Nutzungseinschränkungen oder Rückauflassungsvormerkungen wurden in dieser Forschung auch mit Lösungsansätzen diskutiert. Auch hier wird empfohlen, eine gute Kommunikation und ein gutes Vertrauensverhältnis mit der Kirche zu haben. Zudem sollte mit den anmietenden Geschäftspartnern der Eigentümer klare Verträge geschlossen werden, die auch die rechtlichen Vereinbarungen mit der Kirche einhalten, um das Bewirken einer Rückauflassung vorzubeugen. Zuletzt sollte geklärt werden, ob die rechtlichen Mittel noch so stark gelten wie beim ersten Verkauf der Kirche. Denn es kann möglich sein, dass diese durch mehrere vorherige Weiterverkäufe abgeschwächt worden sind.

Die Forschungsergebnisse geben ein klareres Bild von den Herausforderungen und Chancen bei der Umnutzung von Kirchengebäuden. Darüber hinaus können die erarbeiteten Lösungsansätze auf eine Vielzahl von Projekten angewendet werden. Bei der Anwendung dieser Ansätze in eigenen Projekten sollten jedoch die in der Forschung genannten Grenzen beachtet werden. Darüber hinaus sind die oben genannten Empfehlungen für weitere Forschungen als wichtig zu erachten, da das Thema in Zukunft weiter an Bedeutung gewinnen wird. Aufgrund sinkender Mitgliederzahlen und

Kirchensteuereinnahmen wird die Umnutzung von Kirchen immer relevanter, da viele Gebäude nicht mehr finanziert werden können. Stiftungen und gemeinschaftliche Anstrengungen werden notwendig sein, um diese historischen Gebäude zu erhalten. Gleichzeitig muss eine gesellschaftliche Debatte über sinnvolle und nachhaltige Nutzungen geführt werden. Die Herausforderung bleibt, die Finanzierung zu sichern und den kulturellen und sozialen Wert der Kirchen zu erhalten.

Anhangsverzeichnis

Anhang 1: Kategorisierung

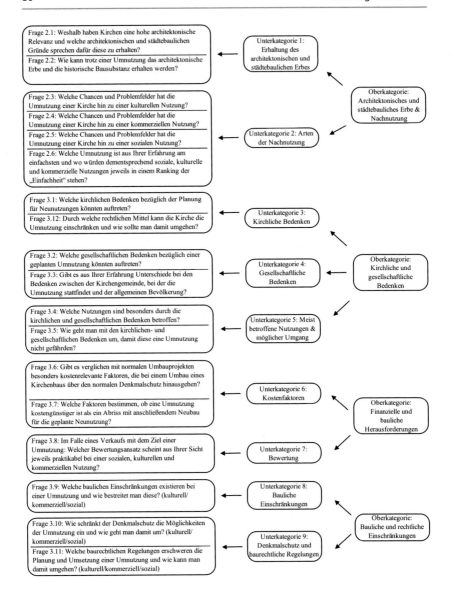

Frage 2.1: Weshalb haben Kirchen eine hohe architektonische Relevanz und welche architektonischen und städtebaulichen Gründe sprechen dafür diese zu erhalten?

Frage 2.2: Wie kann trotz einer Umnutzung das architektonische Erbe und die historische Bausubstanz erhalten werden?

Unterkategorie 1: Erhaltung des architektonischen und städtebaulichen Erbes

Oberkategorie: Architektonisches und städtebauliches Erbe & Nachnutzung

Frage 2.3: Welche Chancen und Problemfelder hat die Umnutzung einer Kirche hin zu einer kulturellen Nutzung?

Frage 2.4: Welche Chancen und Problemfelder hat die Umnutzung einer Kirche hin zu einer kommerziellen Nutzung?

Frage 2.5: Welche Chancen und Problemfelder hat die Umnutzung einer Kirche hin zu einer sozialen Nutzung?

Frage 2.6: Welche Umnutzung ist aus Ihrer Erfahrung am einfachsten und wo würden dementsprechend soziale, kulturelle und kommerzielle Nutzungen jeweils in einem Ranking der „Einfachheit" stehen?

Unterkategorie 2: Arten der Nachnutzung

Frage 3.1: Welche kirchlichen Bedenken bezüglich der Planung für Neunutzungen könnten auftreten?

Frage 3.12: Durch welche rechtlichen Mittel kann die Kirche die Umnutzung einschränken und wie sollte man damit umgehen?

Unterkategorie 3: Kirchliche Bedenken

Frage 3.2: Welche gesellschaftlichen Bedenken bezüglich einer geplanten Umnutzung könnten auftreten?

Frage 3.3: Gibt es aus Ihrer Erfahrung Unterschiede bei den Bedenken zwischen der Kirchengemeinde, bei der die Umnutzung stattfindet und der allgemeinen Bevölkerung?

Unterkategorie 4: Gesellschaftliche Bedenken

Oberkategorie: Kirchliche und gesellschaftliche Bedenken

Frage 3.4: Welche Nutzungen sind besonders durch die kirchlichen und gesellschaftlichen Bedenken betroffen?

Frage 3.5: Wie geht man mit den kirchlichen- und gesellschaftlichen Bedenken um, damit diese eine Umnutzung nicht gefährden?

Unterkategorie 5: Meist betroffene Nutzungen & möglicher Umgang

Frage 3.6: Gibt es verglichen mit normalen Umbauprojekten besonders kostenrelevante Faktoren, die bei einem Umbau eines Kirchenbaus über den normalen Denkmalschutz hinausgehen?

Frage 3.7: Welche Faktoren bestimmen, ob eine Umnutzung kostengünstiger ist als ein Abriss mit anschließendem Neubau für die geplante Neunutzung?

Unterkategorie 6: Kostenfaktoren

Oberkategorie: Finanzielle und bauliche Herausforderungen

Frage 3.8: Im Falle eines Verkaufs mit dem Ziel einer Umnutzung: Welcher Bewertungsansatz scheint aus Ihrer Sicht jeweils praktikabel bei einer sozialen, kulturellen und kommerziellen Nutzung?

Unterkategorie 7: Bewertung

Frage 3.9: Welche baulichen Einschränkungen existieren bei einer Umnutzung und wie bestreitet man diese? (kulturell/kommerziell/sozial)

Unterkategorie 8: Bauliche Einschränkungen

Frage 3.10: Wie schränkt der Denkmalschutz die Möglichkeiten der Umnutzung ein und wie geht man damit um? (kulturell/kommerziell/sozial)

Frage 3.11: Welche baurechtlichen Regelungen erschweren die Planung und Umsetzung einer Umnutzung und wie kann man damit umgehen? (kulturell/kommerziell/sozial)

Unterkategorie 9: Denkmalschutz und baurechtliche Regelungen

Oberkategorie: Bauliche und rechtliche Einschränkungen

Anhang 2: Interview-Leitfaden

Interview-Leitfaden für die vorliegende Forschung:
„Umnutzung von Sakralbauten – Problemfelder und Lösungsansätze"
Forschungsfrage:
„Welche Chancen und Herausforderungen ergeben sich bei der Umnutzung denkmalgeschützter, christlicher Sakralbauten in Deutschland zu nicht religiösen Zwecken?"
Definition Experte:
Experten in diesem Kontext sind Personen, die über fundiertes Wissen und umfassende Erfahrung im Bereich der Umnutzung von Kirchen verfügen. Dies kann verschiedene Disziplinen und berufliche Hintergründe umfassen, wie Architektur, Denkmalpflege, Stadtplanung, Soziologie, Theologie und Immobilienwirtschaft. Das Rollenwissen kann auch aus Bereichen des außerberuflichen Engagements stammen, durch welches Fachwissen angeeignet werden konnte.
Weitere Interviewinformationen:
Interview-Nr.:
Dauer:
Datum:
Branche/ Ressort:
Funktion (leitend?):
Zeit der Berufstätigkeit:
Zeit der Anstellung bei dem derzeitigen Arbeitgeber:
Begrüßung & datenschutzrechtliche Hinweise:

- Vorstellung des Forschers und des Titels der Forschung
- Hinweis auf Aufzeichnung des Interviews
- Hinweis auf Datenschutz und Anonymisierung
- Erwähnen des Zeitrahmens von etwa 60 min

Interviewfragen:

Block 1: Einleitung zur Umnutzung von Kirchen	
Frage 1.1	Durch welche Tätigkeit sind Sie mit dem Thema der Umnutzung von Kirchen in Berührung gekommen und seit wann befassen Sie sich damit?
Antwort:	
Frage 1.2	Welches Projekt, oder welche Projekte haben Sie bis jetzt begleiten- oder durchführen können?

(Fortsetzung)

Antwort:	
Block 2: Chancen und Problemfelder durch Umnutzung	
Frage 2.1	Weshalb haben Kirchen eine hohe architektonische Relevanz und welche architektonischen und städtebaulichen Gründe sprechen dafür diese zu erhalten?
Antwort:	
Frage 2.2	Wie kann trotz einer Umnutzung das architektonische Erbe und die historische Bausubstanz erhalten werden?
Antwort:	
Frage 2.3	Welche Chancen und Problemfelder hat die Umnutzung einer Kirche hin zu einer kulturellen Nutzung?
Antwort:	
Frage 2.4	Welche Chancen und Problemfelder hat die Umnutzung einer Kirche hin zu einer kommerziellen Nutzung?
Antwort:	
Frage 2.5	Welche Chancen und Problemfelder hat die Umnutzung einer Kirche hin zu einer sozialen Nutzung?
Antwort:	
Frage 2.6	Welche Umnutzung ist aus Ihrer Erfahrung am einfachsten und wo würden dementsprechend soziale, kulturelle und kommerzielle Nutzungen jeweils in einem Ranking der „Einfachheit" stehen?
Antwort:	
Block 3: Herausforderungen und Lösungsansätze	
Frage 3.1	Welche kirchlichen Bedenken bezüglich der Planung für Nachnutzungen könnten auftreten?
Antwort:	
Frage 3.2	Welche gesellschaftlichen Bedenken bezüglich einer geplanten Umnutzung könnten auftreten?
Antwort:	
Frage 3.3	Gibt es aus Ihrer Erfahrung Unterschiede bei den Bedenken zwischen der Kirchengemeinde, bei der die Umnutzung stattfindet und der allgemeinen Bevölkerung?
Antwort:	
Frage 3.4	Welche Nutzungen sind besonders durch die kirchlichen und gesellschaftlichen Bedenken betroffen?
Antwort:	
Frage 3.5	Wie geht man mit den kirchlichen- und gesellschaftlichen Bedenken um, damit diese eine Umnutzung nicht gefährden?
Antwort:	
Frage 3.6	Gibt es verglichen mit normalen Umbauprojekten besonders kostenrelevante Faktoren, die bei einem Umbau eines Kirchenbaus über den normalen Denkmalschutz hinausgehen?

(Fortsetzung)

Antwort:	
Frage 3.7	Welche Faktoren bestimmen, ob eine Umnutzung kostengünstiger ist als ein Abriss mit anschließendem Neubau für die geplante Nachnutzung?
Antwort:	
Frage 3.8	Im Falle eines Verkaufs mit dem Ziel einer Umnutzung: Welcher Bewertungsansatz scheint aus Ihrer Sicht jeweils praktikabel bei einer sozialen, kulturellen und kommerziellen Nutzung?
Antwort:	
Frage 3.9	Welche baulichen Einschränkungen existieren bei einer Umnutzung und wie bestreitet man diese? (kulturell/kommerziell/sozial)
Antwort:	
Frage 3.10	Wie schränkt der Denkmalschutz die Möglichkeiten der Umnutzung ein und wie geht man damit um? (kulturell/kommerziell/sozial)
Antwort:	
Frage 3.11	Welche baurechtlichen Regelungen erschweren die Planung und Umsetzung einer Umnutzung und wie kann man damit umgehen? (kulturell/kommerziell/sozial)
Antwort:	
Frage 3.12	Durch welche rechtlichen Mittel kann die Kirche die Umnutzung einschränken und wie sollte man damit umgehen?
Antwort:	
Block 4: Zukünftige Relevanz und Entwicklung	
Frage 4.1	Wo sehen Sie die Relevanz der Umnutzungs-Thematik von Kirchen in der Zukunft?
Antwort:	
Frage 4.2	Wie glauben Sie, wird sich die Thematik der Umnutzung entwickeln?
Antwort:	

Abschluss des Interviews:

• Klären von organisatorischen Fragen
• Danksagung für die Teilnahme am Experteninterview

Literatur

Altrock, U., Kunze, R., Kurth, D., Schmidt, H., & Schmitt, G. (2023). *Stadtneuerung und Spekulation Jahrbuch Stadtneuerung 2022/23* (1. Aufl.). Springer VS.

Baukultur Bundesstiftung. (2016). *Baukultur Bericht Stadt und Land 2016/17*. Aumüller Druck GmbH & Co. KG.

Baukultur Bundesstiftung. (2018). *Baukultur Bericht Erbe-Bestand-Zukunft 2018/19*. Medialis.

Begrich, T. (2007, April 15). *Möglichkeiten des Erhalts von Kirchengebäuden. Immobilien & Finanzierung – Der langfristige Kredit* (S. 286). Verlagsgruppe Knapp – Richardi – Verlag für Absatzwirtschaft.

Beste, J. (2014). *Kirchen geben Raum Empfehlungen zur Neunutzung von Kirchengebäuden*. Landesinitiative StadtBauKultur NRW 2020.

Bienert, S., & Wagner, K. (2018). *Bewertung von Spezialimmobilien Risiken, Benchmarks und Methoden* (2. Aufl.). Springer Gabler.

Bienert, S., Deeg, A., Gerhards, A., Königs, U., Lieb, S., Menzel, K., & Seip, J. (2022). *Kirche im Wandel Erfahrungen und Perspektiven*. Achendorff.

Bienert, S., Deeg, A., Gerhards, A., Königs, U., Lieb, S., Menzel, K., & Seip, J. (2023). *Diakonische Kirchen (Um)Nutzung*. Aschendorff.

Bischöfliches Ordinariat Liturgiekommission des Bistum Limburg. (2021). *Profanierung von Kirchen und Kapellen Eine Handreichung*. Bistum Limburg.

Bortz, J., & Döring, J. (2006). *Forschungsmethoden und Evaluation für Human- und Sozialwissenschaftler*. Springer Medizin.

Cajias, M., & Käsbauer, M. (2016). Kirchliches Immobilienmanagement. In K.-W. Schulte, S. Bone-Winkel, & W. Schäfers (Hrsg.), *Immobilienökonomie 1* (S. 871–889). De Gruyter.

Coenenberg, N., & Nolte, J. (2021). Kirchen in Deutschland Ganz profan. https://www.zeit. de/2021/51/kirchen-deutschland-nutzung-gebaeude-bestandsaufnahme. Zugegriffen am 04.05.2024.

Döring, N. (2023). *Forschungsmethoden und Evaluation in den Sozial- und Humanwissenschaften.* Springer Nature.

de Mortanges, R. P. (2007). Die Normen des katholischen und evangelischen Kirchenrechts für die Umnutzung von Kirchen. In R. Pahud de Mortanges, J. B. Zufferey, R. P. de Mortanges, & J. B. Zufferey (Hrsg.), *Bau und Umwandlung religiöser Gebäude* (S. 183–199). Schulthess.

EKD. (2019). Langfristige Projektion der Kirchenmitglieder und des Kirchensteueraufkommens in Deutschland Eine Studie des Forschungszentrums Generationenverträge an der Albert-Ludwig-Universität Freiburg. https://www.ekd.de/projektion2060-mitgliederzahlen-45532.htm. Zugegriffen am 16.05.2024.

Flick, U., von Kardorff, E., & Steinke, I. (2007). *Qualitative Forschung – Ein Handbuch.* Rowohlt Taschenbuch.

Gerhards, A. (2018, März 13). Umnutzung von Sakralbauten Alte Kirchen versilbern? *Herder Korrespondenz Monatsheft für Gesellschaft und Religion, 2018*(3), 40–43.

gif. (2007). *Wertermittlung von Baudenkmalen.* gif Gesellschaft für Immobilienwirtschaftliche Forschung e.V.

Gigl, M. (2020). *Sakralbauten Bedeutung und Funktion in säkularer Gesellschaft* (1. Aufl.). Herder.

Immobilien Zeitung. (2010, Dezember 16). Millionen für bröckelnde Kirchen. *Immobilien Zeitung Fachzeitung für die Immobilienwirtschaft*, S. 1.

Immobilien Zeitung. (2011, Januar 06). Kreativer Wandel: Vom Gottesdienst zum Kommerz. *Immobilien Zeitung Fachzeitschrift für die Immobilienwirtschaft*, S. 7.

Keller, S. (2016). *Kirchengebäude in urbanen Gebieten Wahrnehmung – Deutung – Umnutzung in praktisch – theologischer Perspektive* (1. Aufl.). De Gruyter.

Kleefisch-Jobst, U., Macho, T., Netsch, S., Sellmann, M., & Wurth, L. H. (2022). *Kirchenumbau.* Baukultur Nordrhein-Westfalen.

Krell, C., & Lamnek, S. (2016). *Qualitative Sozialforschung.* Weinheim.

Kuckartz, U., Dresing, T., Rädiker, S., & Stefer, C. (2008). *Qualitative Evaluation – Der Einstieg in die Praxis.* VS Verlag für Sozialwissenschaften.

Löffler, B., & Dar, D. S. (2022). *Sakralität im Wandel Religiöse Bauten im Stadtraum des 21. Jahrhunderts in Deutschland* (1. Aufl.). jovis.

Liturgische Ausschüsse UEK & VELKD. (2022). *Einweihung Widmung Entwidmung Entwurf zur Erprobung.* VELKD/UEK.

Manschwetus, U., & Damm, E. (2022). Nutzungsmöglichkeiten ehemaliger Kirchengebäude Ursachen für Kirchenleerstand – Nutzungsformen – Best Practices. https://opendata.uni-halle.de/bitstream/1981185920/103317/1/Nutzungsmöglichkeiten%20ehemaliger%20 Kirchengebäude.pdf. Zugegriffen am 03.05.2024.

Matthäus (2022). Das Evangelium nach Matthäus. In CSV Hückeswagen (Hrsg.), *Die Heilige Schrift – Aus dem Grundtext übersetzt- Elberfelder Übersetzung* (S. 997–1035). Christliche Schriftenverbreitung.

Mayring, P. (2015). *Qualitative Inhaltsanalyse – Grundlagen und Techniken.* Beltz.

Meulemann, H. (2019). *Ohne Kirche leben Säkularisierung als Tendenz und Theorie in Deutschland, Europa und anderswo.* Springer VS.

Meys, O., & Gropp, B. (2010a). *Kirchen im Wandel Teil 1 – Veränderte Nutzung denkmalgeschützter Kirchen.* Landesinitiative StadtBauKultur NRW.

Meys, O., & Gropp, B. (2010b). *Kirchen im Wandel Teil 2.* Landesinitiative StadtBauKultur NRW.

Netsch, S. (2018). *Strategie und Praxis der Umnutzung von Kirchengebäuden in den Niederlanden.* KIT Scientific Publishing.

Oeben, S. (2022). Umnutzung muss proaktiv mit der Gemeinde angegangen werden. In J. Drumm & S. Oeben (Hrsg.), *CSR und Kirche Die unternehmerische Verantwortung der Kirchen für die ökologisch-soziale Zukunftsgestaltung* (1. Aufl., S. 273–277). Springer.

Pehl, T., & Dresing, T. (2018). *Interview, Transkription & Analyse – Anleitungen und Regelsysteme für qualitativ Forschende.* Eigenverlag.

Raabe, C. (2015). *Denkmalpflege Schnelleinstieg für Architekten und Bauingenieure.* Springer Vieweg.

Rettich, S., Tastel, S., Schmidt, A., Beucker, N., Brück, C., Alexander, C., Batista, A., Gantert, M., & Siedle, J. (2023). *Obsolete Stadt Raumpotenziale für eine gemeinwohlorientierte, klimagerechte und koproduktive Stadtentwicklungspraxis in wachsenden Großstädten.* Forschungsteam Obsolete Stadt.

Schäfer, E. (2018). *Umnutzung von Kirchen Diskussionen und Ergebnisse seit den 1960er Jahren.* Bauhaus Universitätsverlag.

Sekretariat der Deutschen Bischofskonferenz. (2019). *Stilllegung und kirchliche Nachnutzung von Kirchen Leitlinien.* Deutsche Bischhofskonferenz.

Sekretariat der Deutschen Bischofskonferenz. (2023). *Katholische Kirche in Deutschland Zahlen und Fakten 2022/23.* Deutsche Bischofskonferenz.

Statista. (2023a). *Politik & Gesellschaft Evangelische Kirche in Deutschland.* Statista.

Statista. (2023b). *Politik & Gesellschaft Katholische Kirche in Deutschland.* Statista.

Statista. (2024). Anzahl der Kirchenaustritte in Deutschland nach Konfessionen von 1992 bis 2022. https://de.statista.com/statistik/daten/studie/4052/umfrage/kirchenaustritte-in-deutschland-nach-konfessionen/. Zugegriffen am 02.05.2024.

Statistisches Bundesamt. (2018). Rund 1 Millionen Denkmäler in Deutschland. https://www.destatis.de/DE/Presse/Pressemitteilungen/2018/06/PD18_208_216.html. Zugegriffen am 05.05.2024.

Strübing, J. (2018). *Qualitative Sozialforschung – Eine komprimierte Einführung.* De Gruyter.

Suhr, F., Hergert, S., Zoglauer, C., & Rosenberger, J. (2018). Handelsblatt Grafik: Die Kirche und das liebe Geld. https://www.handelsblatt.com/finanzen/immobilien/immobilien-wieso-sich-kirchen-schlecht-verkaufen-lassen/21262334.html. Zugegriffen am 03.05.2024.

Viergutz, H.-K., Weitz, S., & Beusker, E. (o.J.). Baukosten zur Umnutzung von Kirchengebäuden. https://www.zukunft-kirchen-raeume.de/themen/2-baukosten-zur-umnutzung-von-sakralgebaeuden/. Zugegriffen am 12.05.2024.